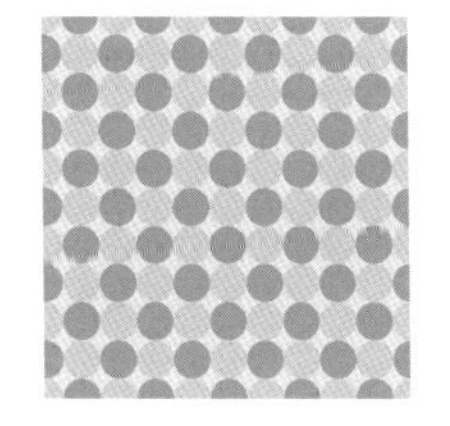

河合出版

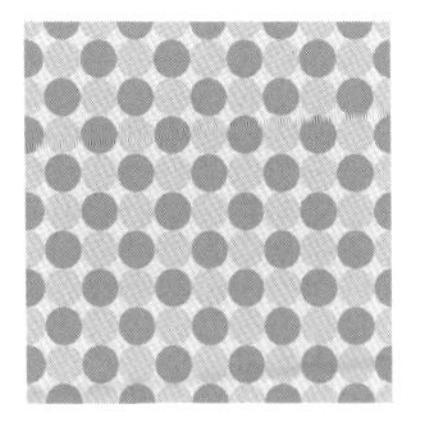

はじめに

本書は，高等学校の「数学Ⅱ」，「数学B」および「数学C」の教科書をひと通り学習し終えた後に，大学入学共通テストの「数学Ⅱ」，「数学B」，「数学C」の受験対策を始める諸君のために特別に編集された問題演習書である．

なお，問題の設問形式を空欄補充タイプにしてあるので，マークセンス方式で行われる私立大入試の「数学Ⅱ」，「数学B」，「数学C」の受験対策にも本書を活用することができる．

問題作成の際に，多くの教科書を比較検討して出題範囲の細部を吟味するとともに，過去のセンター試験を分析した結果に基づいて，大学入学共通テストで出題される可能性の高い項目に的を絞った．問題数は全部で70題と少ないが，「解答・解説」は一般の問題集に比べるとはるかに親切かつ丁寧に書いている．

問題を解いて「答」が合えばそれでおしまいとするのではなく，「解説」にもじっくりと目を通すことにより，短時間で必要最小限の事項を効率よく学習できるように構成してある．

問題は，「数学Ⅱ」，「数学B」，「数学C」の教科書の編成に沿う形で，分野ごとに9つの章に分けて配列されている．難易度は，教科書レベルの比較的易しいものから実際の入試レベルまでの，ある程度の幅を持たせてある．

本書の姉妹書ともいえる『共通テスト総合問題集　数学Ⅱ，数学B，数学C』（河合出版刊）で実戦力を養成すれば，大学入学共通テスト対策としては備えは万全となる．

著者記す

本書の使い方

解答時間……問題ごとに解答時間の目安を示した．この時間以内で解けることを目標にして欲しい．

各章ごとに学習計画の目安を載せている．

標準コース……標準的なペース．（この問題集全体を１ケ月程度でこなすことができる．）

じっくりコース……苦手な分野をじっくりこなす．

特急コース……ある程度の自信がある分野を，短期間に確認する．

なお，じっくりコースでは，この問題集全体を２ケ月程度かけてこなすことができ，特急コースでは，この問題集全体を半月程度でこなすことができる．自分の学力に合わせて各コースを選択して欲しい．

目　次

第 1 章

式と証明・高次方程式

<table>
<tr><th>問題番号/テーマ</th><th>解答時間</th><th>標準コース</th><th>じっくりコース</th><th>特急コース</th></tr>
<tr><td>1．二項定理，多項式の割り算</td><td>12 分</td><td rowspan="3">第 1 日</td><td rowspan="2">第 1 日</td><td rowspan="5">第 1 日</td></tr>
<tr><td>2．多項式の割り算，式の値</td><td>8 分</td></tr>
<tr><td>3．恒等式</td><td>8 分</td><td rowspan="2">第 2 日</td></tr>
<tr><td>4．比例式，相加・相乗平均を利用した最大・最小</td><td>8 分</td><td rowspan="2">第 2 日</td></tr>
<tr><td>5．解と係数の関係</td><td>8 分</td><td>第 3 日</td></tr>
<tr><td>6．2 次方程式の 2 解の比，3 次方程式</td><td>8 分</td><td rowspan="2">第 3 日</td><td>第 4 日</td><td rowspan="2">第 2 日</td></tr>
<tr><td>7．複素数の計算・1 の虚数立方根</td><td>12 分</td><td>第 5 日</td></tr>
</table>

1 二項定理，多項式の割り算 ……… 標準解答時間 12分

(1) (i) $(x-2y)^5$ の展開式における x^2y^3 の係数は [アイウ] である．

(ii) $(x-2y+3z)^7$ の展開式における $x^2y^3z^2$ の係数は

[エオカキクケ] である．

(2) 多項式 $4x^3-4x^2-20x+26$ を多項式 $2x^2+3x-4$ で割ったとき，商は [コ] $x-$ [サ] で余りは [シ] $x+$ [ス] である．

(3) 多項式 $P(x)=x^3+ax^2+bx+c$ について，$P(x)$ を $(x-1)^2$ で割ると余りが $3x-5$ であり，また $P(x)$ を $x+1$ で割ると余りが 4 であった．このとき

$a=$ [セ]，$b=$ [ソタ]，$c=$ [チツ]

である．

2 多項式の割り算，式の値 ……………… 標準解答時間　8分

(1)　多項式 $A=2x^4+7x^3+16x^2+21x+7$ がある．A を多項式 B で割ると商が x^2+2x+3 で，余りが $4x-5$ となった．このとき

$$B=\boxed{\text{ア}}x^2+\boxed{\text{イ}}x+\boxed{\text{ウ}}$$

である．

(2)　x の多項式 $A=x^4-4x^3-5x^2+6$ がある．

(i)　A を多項式 x^2-6x+4 で割ると商は $x^2+\boxed{\text{エ}}x+\boxed{\text{オ}}$，余りは $\boxed{\text{カキ}}x-\boxed{\text{ク}}$ である．

(ii)　$x=3-\sqrt{5}$ のとき $x^2-6x=\boxed{\text{ケコ}}$ であり，A の値は $\boxed{\text{サシ}}-\boxed{\text{スセ}}\sqrt{\boxed{\text{ソ}}}$ である．

3 恒 等 式 ………………………… 標準解答時間 8分

(1) 次の等式

$$a(x+1)^3+b(x+1)^2+c(x+1)+d=x^3+2x^2+3x+4$$

が x についての恒等式となるように定数 a, b, c, d の値を定めると

$a=$ [ア], $b=$ [イウ], $c=$ [エ], $d=$ [オ]

である.

(2) 次の等式

$$\frac{a}{x-1}+\frac{bx+c}{x^2+x+1}=\frac{1}{x^3-1}$$

が x についての恒等式となるように定数 a, b, c の値を定めると

$a=\frac{[カ]}{[キ]}$, $b=\frac{[クケ]}{[コ]}$, $c=\frac{[サシ]}{[ス]}$

である.

4　比例式，相加・相乗平均を利用した最大・最小　標準解答時間　8分

(1)　$\dfrac{x+2y}{11}=\dfrac{3y+z}{13}=\dfrac{z+x}{9}\ (\neq 0)$ のとき

$$x:y:z=\boxed{\text{ア}}:\boxed{\text{イ}}:\boxed{\text{ウ}}$$

であり，

$$\frac{xy+yz+zx}{x^2+y^2+z^2}=\frac{\boxed{\text{エオ}}}{\boxed{\text{カキ}}}$$

である．

(2)　まず，次の問題を考えよう．

> **問題**　$t>0$ のとき，$t+\dfrac{9}{t}$ の最小値を求めよ．

解答

相加平均と相乗平均の関係により

$\dfrac{t+\dfrac{9}{t}}{2}\geqq\sqrt{t\cdot\dfrac{9}{t}}=3$　つまり　$t+\dfrac{9}{t}\geqq 6$ が導出される．ここで，

$t=\dfrac{9}{t}$　すなわち　$t=3$ のときに等号が成り立つから，求める最小値は6である．

上記のことを手掛かりにして，以下の(i)，(ii)を考えてほしい．

(i)　正の数 x に対して，$x+\dfrac{9}{x+1}$ は $x=\boxed{\text{ク}}$ のとき最小値 $\boxed{\text{ケ}}$ をとる．

(ii)　正の数 x に対して，$\dfrac{x+1}{x^2+x+9}$ は $x=\boxed{\text{コ}}$ のとき最大値 $\dfrac{\boxed{\text{サ}}}{\boxed{\text{シ}}}$ をとる．

5 解と係数の関係 ……………………… 標準解答時間　8分

(1) 2次方程式 $2x^2+4x+3=0$ の二つの解を α, β とする.

(i) $\alpha+\beta=$ アイ, $\alpha\beta=\dfrac{\text{ウ}}{\text{エ}}$ であり,

$\alpha^2+\beta^2=$ オ, $\alpha^3+\beta^3=$ カ である.

(ii) α^3, β^3 を二つの解とする整数係数の2次方程式(の一つ)は

$$\boxed{\text{キ}}\,x^2-\boxed{\text{ク}}\,x+\boxed{\text{ケコ}}=0$$

である.

(2) 2次方程式 $x^2-\sqrt{2}\,x+1=0$ の2解を α, β とし,

2次方程式 $x^2+\sqrt{2}\,x+1=0$ の2解を γ, δ とする.

(i) $(2-\alpha)(2-\beta)=\boxed{\text{サ}}-\boxed{\text{シ}}\sqrt{\boxed{\text{ス}}}$ である.

(ii) $(\gamma-\alpha)(\gamma-\beta)(\delta-\alpha)(\delta-\beta)=\boxed{\text{セ}}$ である.

6　2次方程式の2解の比，3次方程式　… 標準解答時間　8分

(1)　実数係数の2次方程式

$$x^2-ax+a+5=0$$

の二つの解の比が 3：4 となるように，定数 a の値を定めると，

$$a=\boxed{\text{ア}},\ \frac{\boxed{\text{イウエ}}}{\boxed{\text{オカ}}}$$

である．

(2)　k は実数の定数とする．x の3次方程式

$$4x^3-25x^2+(k+34)x-2k=0$$

について，

(i)　k の値によらず，この方程式は $x=\boxed{\text{キ}}$ を解にもつ．

(ii)　(i)の解以外の解を α，β とするとき，$\beta=\dfrac{1}{\alpha}$ であるならば，

$$k=\boxed{\text{ク}},\ \alpha=\frac{\boxed{\text{ケ}}}{\boxed{\text{コ}}},\ \beta=\boxed{\text{サ}}$$

である．ただし，$\alpha<\beta$ とする．

7 複素数の計算・1の虚数立方根 … 標準解答時間　12分

〔1〕

(1) $(1+i)^3=$ アイ $+$ ウ i である.

(2) a, b は実数として,

$$\frac{1+5i}{a+bi}=1+i$$

が成り立つならば, $a=$ エ , $b=$ オ である.

(3) a, b は実数の定数で, 方程式

$$x^3+3x^2+ax+b=0$$

の解の一つが $1+i$ であるとき,

$a=$ カキ , $b=$ クケ

で, 他の2解のうち実数解は コサ である.

〔2〕 方程式 $x^3=1$ の虚数解の一つを ω とするとき,

(1) $\omega^5+\omega^7=$ シス である.

(2) $\dfrac{\omega^2}{1+\omega}-\dfrac{\omega}{1+\omega^2}=$ セ である.

(3) $(1+\omega)^5+(1+\omega)^{15}+(1+\omega)^{25}=$ ソ である.

(4) $(1+\omega)^{2025}+(1+\omega^2)^{2025}+(\omega+\omega^2)^{2025}=$ タチ

である.

第２章
図形と方程式

<table>
<tr><th>問題番号/テーマ</th><th>解答時間</th><th>標準コース</th><th>じっくり
コース</th><th>特急コース</th></tr>
<tr><td>8．点と座標，直線</td><td>8分</td><td rowspan="3">第1日</td><td rowspan="2">第1日</td><td rowspan="4">第1日</td></tr>
<tr><td>9．軌跡(円)</td><td>4分</td></tr>
<tr><td>10．円と接線</td><td>12分</td><td>第2日</td></tr>
<tr><td>11．円と直線</td><td>8分</td><td rowspan="2">第2日</td><td>第3日</td></tr>
<tr><td>12．領域と最大・最小</td><td>12分</td><td>第4日</td><td rowspan="3">第2日</td></tr>
<tr><td>13．円と接線</td><td>12分</td><td rowspan="2">第3日</td><td>第5日</td></tr>
<tr><td>14．不等式と領域</td><td>12分</td><td>第6日</td></tr>
</table>

8 点と座標，直線 ……………………… 標準解答時間　8分

(1) 第1象限にある正方形ABCDにおいて，A(1, 6)，B(3, 3) であるとき，Dの座標は（ ア ，イ ）である．

(2) 座標平面上に三つの直線

$$l_1 : 3x-2y=-4,$$

$$l_2 : 2x+y=-5,$$

$$l_3 : x+ky=k+2$$

がある．ただし，k は実数の定数とする．

(i) l_1 と l_2 の交点の座標は（ ウエ ，オカ ）である．

(ii) l_3 は k の値によらず定点（ キ ，ク ）を通る．

(iii) l_1，l_2，l_3 が三角形を作らないような k の値は全部で ケ 個あるが，このうちで最大のものは $\dfrac{\text{コ}}{\text{サ}}$ で，最小のものは シス である．

9 軌跡（円）　……………………………… 標準解答時間　4分

座標平面上に定点 A(6, 0)，B(3, 6) がある．

(1) $P_1(0,\ 3)$，$P_2(-3,\ 0)$ とするとき，三角形 ABP_1 の重心 G_1，三角形 ABP_2 の重心 G_2 の座標は，

$$G_1(\boxed{ア},\ \boxed{イ}),\quad G_2(\boxed{ウ},\ \boxed{エ})$$

である．

(2) 円 $C : x^2+y^2=9$ 上に動点 P をとるとき，三角形 ABP の重心 G の軌跡を求めよう．P，G の座標を $P(x,\ y)$，$G(X,\ Y)$ とおく．

まず，P は定円 C 上にあるので，x，y は

$$x^2+y^2=9 \qquad \cdots\cdots(*)$$

を満たす．

次に，G は三角形 ABP の重心なので

$$X=\frac{x+\boxed{オ}}{\boxed{カ}},\quad Y=\frac{y+\boxed{キ}}{\boxed{ク}}$$

が成り立つ．これより，

$$x=\boxed{カ}X-\boxed{オ},\quad y=\boxed{ク}Y-\boxed{キ}$$

を得るので，(*)より X，Y は

$$\left(\boxed{カ}X-\boxed{オ}\right)^2+\left(\boxed{ク}Y-\boxed{キ}\right)^2=9$$

つまり

$$\left(X-\boxed{ケ}\right)^2+\left(Y-\boxed{コ}\right)^2=\boxed{サ}$$

を満たす．

このことから，重心 G の軌跡は方程式

$$\left(x-\boxed{ケ}\right)^2+\left(y-\boxed{コ}\right)^2=\boxed{サ}$$

で表される円であることがわかる．

10 円と接線 ……………………………… 標準解答時間 12分

(1) 座標平面上に円 $C: x^2+y^2-4x+3=0$ がある．円 C の中心の座標は $\left(\boxed{ア}, \boxed{イ}\right)$ で，半径は $\boxed{ウ}$ である．原点Oから円 C に2本の接線を引くことができるが，それと円 C との接点を T_1，T_2 とすると，$OT_1=OT_2=\sqrt{\boxed{エ}}$ であり，2本の接線の方程式は

$$y=\frac{\boxed{オ}}{\sqrt{\boxed{カ}}}x \quad と \quad y=-\frac{\boxed{オ}}{\sqrt{\boxed{カ}}}x$$

である．

(2) 座標平面上に直線 $l: 2x-y+a=0$ と円 $K: x^2+y^2-4x-6y+b=0$ がある．（ただし，a，b は実数の定数である．）

直線 l が円 K と点 $\left(\boxed{キ}, 2\right)$ において接するように a，b の値を定めると，

$$a=\boxed{クケ},\ b=\boxed{コ}$$

である．

11 円と直線 …………………………… 標準解答時間　8分

座標平面上に円 $C_1 : x^2+y^2+8x-6y=0$ がある.

(1) 円 C_1 の中心 M の座標は $(\boxed{\text{アイ}}, \boxed{\text{ウ}})$ で半径は $\boxed{\text{エ}}$ である.

(2) 円 C_1 と原点を中心とする円 C_2 とが直線 $y=px+q$ に関して対称であるとき,

$$p=\frac{\boxed{\text{オ}}}{\boxed{\text{カ}}}, \qquad q=\frac{\boxed{\text{キク}}}{\boxed{\text{ケ}}}$$

である.

(3) 二つの円 C_1, C_2 の交点を A, B とすれば, ∠AMB の大きさは $\boxed{\text{コサシ}}^\circ$（ただし, $0^\circ<\angle\text{AMB}<180^\circ$）であり, ∠AMB を中心角とする扇形 AMB の面積は $\dfrac{\boxed{\text{スセ}}}{\boxed{\text{ソ}}}\pi$ である.

12 領域と最大・最小 …………………… 標準解答時間　12分

座標平面上に連立不等式

$$\begin{cases} x+3y-2\geqq 0, \\ 4x-y-8\leqq 0, \\ 3x-4y+7\geqq 0 \end{cases}$$

の表す領域 D がある．

(1)　領域 D は三つの点

(［アイ］, ［ウ］), (［エ］, ［オ］), (［カ］, ［キ］)

を頂点とする三角形の周および内部である．

ただし，［アイ］＜［エ］＜［カ］とする．

(2)　領域 D の点 $(x,\ y)$ に対して，$x+y$ のとる値の最大値は［ク］で最小値は［ケ］である．

(3)　領域 D の点 $(x,\ y)$ に対して，x^2-2y のとる値の最大値は［コ］で最小値は $\dfrac{［サシス］}{［セソ］}$ である．

13 円と接線 ……………………………… 標準解答時間　12分

座標平面上に方程式

$$x^2+y^2-2ax-ay+5a-25=0 \quad \cdots\cdots(*)$$

で表される円 C がある．ただし，a は実数の定数とする．

(1)　C は a の値によらず二つの定点

$$\mathrm{A}\left(\boxed{\text{ア}},\ \boxed{\text{イ}}\right),\quad \mathrm{B}\left(\boxed{\text{ウ}},\ \boxed{\text{エオ}}\right)$$

を通る．

(2)　a の値を変えたとき，C の面積が最小になるのは $a=\boxed{\text{カ}}$ のときで，面積の最小値は $\boxed{\text{キク}}\pi$ である．

(3)　C と x 軸とは，a の値にかかわらずつねに異なる2点で交わる．この2交点間の距離が最小となるのは $a=\dfrac{\boxed{\text{ケ}}}{\boxed{\text{コ}}}$ のときで，その距離の最小値は $\boxed{\text{サ}}\sqrt{\boxed{\text{シ}}}$ である．

(4)　$a=p$，$a=q$ に対し(*)の表す円をそれぞれ C_1，C_2 とする．点Aにおける C_1，C_2 のそれぞれの接線が直交するための p，q の満たすべき条件は

$$pq-\boxed{\text{ス}}(p+q)+\boxed{\text{セソ}}=0$$

である．

14 不等式と領域 ……………………… 標準解答時間 12分

座標平面上に2直線

$$l : 2x-y-25=0,$$

$$m : 3x-4y-50=0$$

と，円

$$C : x^2+y^2-25=0$$

がある．l と m の交点をAとし，また円 C 上に点Pをとる．

(1) Aの座標は（ アイ ， ウエ ）である．

(2) Pにおける C の接線が m と平行になるのは，Pの座標が

（ オカ ， キ ） または （ ク ， ケコ ）

のときである．

(3) Pにおける C の接線がAを通るのは，Pの座標が

（ サ ， シス ） または （ セ ， ソ ）

のときである．

(4) P$(a,\ b)$ に対し，三つの不等式

$$ax+by-25 \leqq 0,$$

$$2x-y-25 \geqq 0,$$

$$3x-4y-50 \leqq 0$$

の表す領域が三角形の周および内部となるような a，b の条件は

タチ $< a <$ ツ ，$b > 0$

である．

第３章
三角関数

<table>
<tr><th>問題番号/テーマ</th><th>解答時間</th><th>標準コース</th><th>じっくり
コース</th><th>特急コース</th></tr>
<tr><td>15.　三角方程式</td><td>８分</td><td rowspan="3">第１日</td><td rowspan="2">第１日</td><td rowspan="7">第１日</td></tr>
<tr><td>16.　加法定理</td><td>８分</td></tr>
<tr><td>17.　加法定理の応用</td><td>４分</td><td>第２日</td></tr>
<tr><td>18.　三角方程式（２倍角の公式）</td><td>８分</td><td rowspan="2">第２日</td><td>第３日</td></tr>
<tr><td>19.　三角関数の最大・最小
（合成公式）</td><td>８分</td><td>第４日</td></tr>
<tr><td>20.　三角関数の最大・最小
（合成公式）</td><td>８分</td><td rowspan="2">第３日</td><td rowspan="2">第５日</td></tr>
<tr><td>21.　２次同次式の最大値</td><td>10分</td></tr>
</table>

15 三角方程式 …………………………… 標準解答時間　8 分

(1)　$0 \leqq \theta < 2\pi$ のとき，方程式

$$2\sin\left(2\theta - \frac{\pi}{3}\right) = \sqrt{3}$$

を解いて，小さいものから順に並べると，

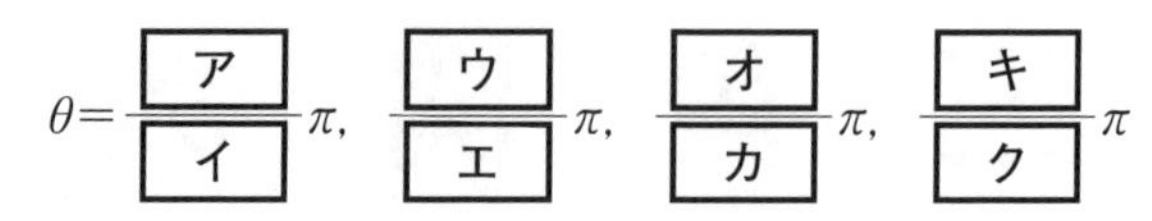

である．

(2)　x に関する方程式

$$a\cos^2 x - 2a\sin x + 2 - a = 0$$

が実数解をもつための実数の定数 a の値の範囲を求めると，

$$a \leqq \boxed{\text{ケコ}},\quad \frac{\boxed{\text{サ}}}{\boxed{\text{シ}}} \leqq a$$

である．

16 加法定理 ……………………………… 標準解答時間　8分

(1)　$\sin\left(\frac{\pi}{3}+\theta\right)-\sin\left(\frac{\pi}{3}-\theta\right)-\sin\theta=$ [ア] である.

(2)　$\cos\left(\frac{\pi}{6}+\theta\right)+\cos\left(\frac{\pi}{6}-\theta\right)-\sqrt{3}\cos\theta=$ [イ] である.

(3)　$\alpha+\beta=\frac{\pi}{4}$ のとき,

$$(1+\tan\alpha)(1+\tan\beta)=\boxed{ウ}$$

である.

(4)　$0<\alpha<\frac{\pi}{2}$, $0<\beta<\frac{\pi}{2}$, $\tan\alpha=\frac{1}{2}$, $\tan\beta=\frac{1}{3}$ のとき,

$$\tan(\alpha-\beta)=\frac{\boxed{エ}}{\boxed{オ}},\quad \tan(\alpha+\beta)=\boxed{カ},$$

$$\alpha+\beta=\frac{\boxed{キ}}{\boxed{ク}}\pi$$

である.

17 加法定理の応用 …………………… 標準解答時間 4分

座標平面上に2直線 $l_1 : y=\frac{1}{2}x+2$，$l_2 : y=-\frac{1}{3}x+3$ がある．l_1 と l_2 のなす角(鋭角)を求めよう．

l_1，l_2 が x 軸の正の向きとなす角をそれぞれ α，β とし，$0<\alpha<\frac{\pi}{2}<\beta<\pi$ とする．

$$\tan\alpha=\frac{\boxed{\text{ア}}}{\boxed{\text{イ}}},\quad \tan\beta=\frac{\boxed{\text{ウエ}}}{\boxed{\text{オ}}}$$

なので，

$$\tan(\beta-\alpha)=\boxed{\text{カキ}}.$$

ここに，$0<\beta-\alpha<\pi$ だから，$\beta-\alpha=\frac{\boxed{\text{ク}}}{\boxed{\text{ケ}}}\pi$.

よって，2直線 l_1，l_2 のなす角(鋭角)は $\frac{\boxed{\text{コ}}}{\boxed{\text{サ}}}\pi$ である．

18 三角方程式(2倍角の公式) ……… 標準解答時間　8分

(1) 方程式 $\sin 2x - \sin x = 0$ $(0 \leqq x < 2\pi)$ を解くと，

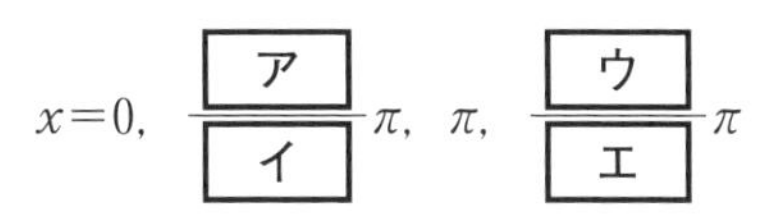

$$x = 0,\ \frac{\boxed{ア}}{\boxed{イ}}\pi,\ \pi,\ \frac{\boxed{ウ}}{\boxed{エ}}\pi$$

である．ただし，$\frac{\boxed{ア}}{\boxed{イ}} < \frac{\boxed{ウ}}{\boxed{エ}}$ とする．

(2)

(i) すべての x に対して $\cos 2x = \boxed{オ}$ が成り立つ．

次のA～Hの各式について，$\boxed{オ}$ を満たすものをすべて挙げたものとして正しい組合せを下の⓪～⑤の中から一つ選べ．

A　$2\sin x\cos x$　　B　$-2\sin x\cos x$　　C　$\sin^2 x - \cos^2 x$

D　$\cos^2 x - \sin^2 x$　　E　$2\sin^2 x - 1$　　F　$2\cos^2 x - 1$

G　$1 - 2\sin^2 x$　　H　$1 - 2\cos^2 x$

⓪ C，E	① D，F	② A，C，E
③ B，D，F	④ C，E，H	⑤ D，F，G

(ii) 不等式 $\cos 2x + \sin x < 0$ $(0 \leqq x < 2\pi)$ を解くと

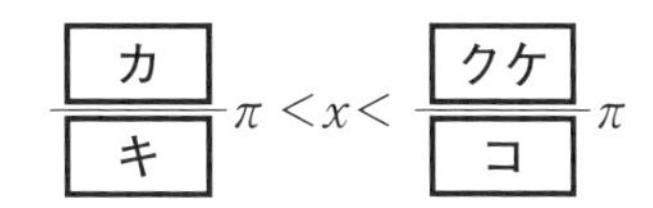

$$\frac{\boxed{カ}}{\boxed{キ}}\pi < x < \frac{\boxed{クケ}}{\boxed{コ}}\pi$$

である．

(3) 不等式 $\tan x - 2\sin x \geqq 0$ $(0 < x < \pi)$ を解くと，

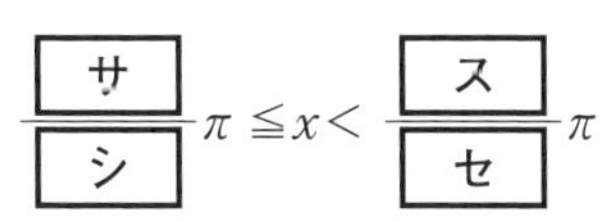

$$\frac{\boxed{サ}}{\boxed{シ}}\pi \leqq x < \frac{\boxed{ス}}{\boxed{セ}}\pi$$

である．

19 三角関数の最大・最小(合成公式)　標準解答時間　8分

関数　$f(x)=3\cos^2 x+\sqrt{3}\sin x\cos x$ $(0\leqq x\leqq\pi)$ の最大値と最小値を求めよう.

まず, 2倍角の公式を念頭におくと次の等式

$$\begin{cases} \cos^2\theta=\dfrac{\boxed{\text{ア}}}{\boxed{\text{イ}}}\left(\boxed{\text{ウ}}+\cos 2\theta\right), \\ \sin\theta\cos\theta=\dfrac{\boxed{\text{エ}}}{\boxed{\text{オ}}}\sin 2\theta \end{cases}$$

が成り立つことから, $f(x)$ は

$$f(x)=\frac{\sqrt{\boxed{\text{カ}}}}{\boxed{\text{キ}}}\left(\sin 2x+\sqrt{\boxed{\text{ク}}}\cos 2x\right)+\frac{\boxed{\text{ケ}}}{\boxed{\text{コ}}}$$

と書き換えられる.

次に，三角関数の合成を用いると

$$\sin 2x+\sqrt{\boxed{\text{ク}}}\cos 2x=\boxed{\text{サ}}\sin\left(2x+\frac{\boxed{\text{シ}}}{\boxed{\text{ス}}}\pi\right)$$

と変形できるので，$f(x)$ は

$$f(x)=\sqrt{\boxed{\text{セ}}}\sin\left(2x+\frac{\boxed{\text{シ}}}{\boxed{\text{ス}}}\pi\right)+\frac{\boxed{\text{ケ}}}{\boxed{\text{コ}}}$$

$$\left(\text{ただし，}0\leqq\frac{\boxed{\text{シ}}}{\boxed{\text{ス}}}\pi<2\pi\right)$$

と表される．

したがって $f(x)$ は

$$x=\frac{\boxed{\text{ソ}}}{\boxed{\text{タチ}}}\pi\quad\text{のとき最大値}\quad\frac{\boxed{\text{ツ}}}{\boxed{\text{テ}}}+\sqrt{\boxed{\text{ト}}},$$

$$x=\frac{\boxed{\text{ナ}}}{\boxed{\text{ニヌ}}}\pi\quad\text{のとき最小値}\quad\frac{\boxed{\text{ネ}}}{\boxed{\text{ノ}}}-\sqrt{\boxed{\text{ハ}}}$$

をとる．

20 三角関数の最大・最小(合成公式)　標準解答時間　8分

$0 \leqq \theta \leqq \pi$ のとき，$f(\theta)=2\sin 2\theta-3(\sin\theta+\cos\theta)-1$ とする.

(1)　$t=\sin\theta+\cos\theta$ とおくとき，$f(\theta)$ を t の式で表すと

$$\boxed{\text{ア}}\,t^2-\boxed{\text{イ}}\,t-\boxed{\text{ウ}}$$

となり，t のとり得る値の範囲は

$$\boxed{\text{エオ}} \leqq t \leqq \sqrt{\boxed{\text{カ}}}$$

である.

(2)　$f(\theta)$ の最大値は $\boxed{\text{キ}}$ であり，最小値は $\dfrac{\boxed{\text{クケコ}}}{\boxed{\text{サ}}}$ である.

21 2次同次式の最大値 ……………… 標準解答時間　10分

座標平面上の点 P$(x,\ y)$ が $x^2+y^2=1$ を満たして動くとき，$7x^2+6xy-y^2$ の最大値と，その最大値を与える点Pの座標を求めよう．

$x=\cos\theta$，$y=\sin\theta$ $(0\leqq\theta<2\pi)$ とおくことができる．

$Q=7x^2+6xy-y^2$ とする．2倍角の公式を用いて Q を $\sin 2\theta$，$\cos 2\theta$ の式で表すと

$$Q=\boxed{\text{ア}}\sin 2\theta+\boxed{\text{イ}}\cos 2\theta+\boxed{\text{ウ}}$$

である．さらに式を変形すると

$$Q=\boxed{\text{エ}}\sin(2\theta+\alpha)+\boxed{\text{オ}}$$

となる．ただし，α は $\cos\alpha=\dfrac{\boxed{\text{ア}}}{\boxed{\text{エ}}}$，$\sin\alpha=\dfrac{\boxed{\text{イ}}}{\boxed{\text{エ}}}$　$\left(0<\alpha<\dfrac{\pi}{2}\right)$

を満たす．

ここで，$2\theta+\alpha$ のとり得る値の範囲は $\alpha\leqq 2\theta+\alpha<\boxed{\text{カ}}\pi+\alpha$ であるから，$\sin(2\theta+\alpha)$ の最大値は $\boxed{\text{キ}}$ であり，Q の最大値は $\boxed{\text{ク}}$ である．

$\sin(2\theta+\alpha)=\boxed{\text{キ}}$ となるとき，$2\theta+\alpha=\dfrac{\boxed{\text{ケ}}}{\boxed{\text{コ}}}\pi$，$\dfrac{\boxed{\text{サ}}}{\boxed{\text{シ}}}\pi$ であることに注目してPの座標を求める．ただし，$\dfrac{\boxed{\text{ケ}}}{\boxed{\text{コ}}}\pi<\dfrac{\boxed{\text{サ}}}{\boxed{\text{シ}}}\pi$ とする．

求める点Pの座標は

$$\left(\frac{\boxed{\text{ス}}}{\sqrt{\boxed{\text{セソ}}}},\ \frac{\boxed{\text{タ}}}{\sqrt{\boxed{\text{セソ}}}}\right),\quad\left(-\frac{\boxed{\text{ス}}}{\sqrt{\boxed{\text{セソ}}}},\ -\frac{\boxed{\text{タ}}}{\sqrt{\boxed{\text{セソ}}}}\right)$$

である．

第 4 章

指数関数・対数関数

<table>
<tr><th>問題番号/テーマ</th><th>解答時間</th><th>標準コース</th><th>じっくり
コース</th><th>特急コース</th></tr>
<tr><td>22. 指数関数</td><td>8 分</td><td rowspan="3">第 1 日</td><td rowspan="2">第 1 日</td><td rowspan="7">第 1 日</td></tr>
<tr><td>23. 対数の定義</td><td>8 分</td></tr>
<tr><td>24. 対数方程式・不等式</td><td>8 分</td><td>第 2 日</td></tr>
<tr><td>25. 対数関数・指数関数の最小</td><td>8 分</td><td rowspan="2">第 2 日</td><td>第 3 日</td></tr>
<tr><td>26. 対数の応用（桁数・小数首位）</td><td>8 分</td><td>第 4 日</td></tr>
<tr><td>27. 対数不等式，対数関数の最大</td><td>8 分</td><td rowspan="2">第 3 日</td><td>第 5 日</td></tr>
<tr><td>28. 対数関数のグラフ</td><td>12 分</td><td>第 6 日</td></tr>
</table>

22 指数関数 ……………………………… 標準解答時間　8分

〔1〕 根号を用いて表された数の大小関係を考えよう.

(1) 三つの数

$$①\ \sqrt[3]{3} \qquad ②\ \sqrt[5]{81} \qquad ③\ \sqrt[7]{243}$$

の大小関係について

$$\boxed{ア} < \boxed{イ} < \boxed{ウ}$$

が成り立つ.

(2) 三つの数

$$①\ \sqrt{\frac{1}{2}} \qquad ②\ \sqrt[3]{\frac{1}{4}} \qquad ③\ \sqrt[5]{\frac{1}{8}}$$

の大小関係について

$$\boxed{エ} < \boxed{オ} < \boxed{カ}$$

が成り立つ.

〔2〕 正の実数 a は $4^a+4^{-a}=18$ を満たすとする.

(1) $2^a+2^{-a}=\boxed{キ}\sqrt{\boxed{ク}}$ であり, $2^a-2^{-a}=\boxed{ケ}$ である.

すると, $2^a=\boxed{コ}+\sqrt{\boxed{サ}}$ である.

(2) $8^a+8^{-a}=\boxed{シス}\sqrt{\boxed{セ}}$ である.

23 対数の定義 ………………………… 標準解答時間　8分

下の 2^x，3^x の数表を見て，次の問いに答えよ．

x	1	2	3	4	5	6	7	8	9	10	11
2^x	2	4	8	16	32	64	128	256	512	1024	2048
3^x	3	9	27	81	243	729	2187	6561	19683	59049	177147

(1)　$\log_2 1024=$ アイ，$\log_3 2187=$ ウ

である．

(2)　三つの数

$$① \ \frac{8}{5} \qquad ② \ \frac{11}{7} \qquad ③ \ \log_2 3$$

の大小関係について，

エ ＜ オ ＜ カ

が成り立つ．

(3)　三つの数

$$① \ 2^{39} \qquad ② \ 2^{40} \qquad ③ \ 3^{25}$$

の大小関係について，

キ ＜ ク ＜ ケ

が成り立つ．

24 対数方程式・不等式 …………………… 標準解答時間　8分

(1)　次の不等式

$$\log_2(1-x)+\log_4(x+4)<1 \qquad \cdots\cdots(*)$$

を考える．

真数の条件により，x のとり得る値の範囲は

$$\boxed{アイ}<x<\boxed{ウ} \qquad \cdots\cdots ①$$

である．ただし，対数 $\log_a b$ に対し，a を底といい，b を真数という．以下，① のもとで考える．

底の変換公式により，等式

$$\log_4(x+4)=\frac{\boxed{エ}}{\boxed{オ}}\log_2(x+4)$$

が成り立つので，不等式 (*) は

$$\log_2(1-x)+\frac{\boxed{エ}}{\boxed{オ}}\log_2(x+4)<1$$

と書き換えることができる．これらのことを手掛かりにして(*)を満たす x の値の範囲を求めると

$$\boxed{カキ}<x<\boxed{クケ}-\boxed{コ}\sqrt{\boxed{サ}},$$

$$\boxed{シ}<x<\boxed{ス}$$

である．

(2)

$$\log_2(x+2y)=\log_2 x+\log_2 y+1$$

を満たす整数 x，y を求めると，

$$x=\boxed{セ}, \qquad y=\boxed{ソ}$$

である．

25 対数関数・指数関数の最小 ………… 標準解答時間　8分

(1)　$x>1$ で定義された関数

$$f(x)=(\log_3 x)^2+(\log_x 3)^2-2(\log_3 x+\log_x 3)-1$$

について，

(i)　$t=\log_3 x+\log_x 3$ とおいて，$f(x)$ を t の式で表すと

$$t^2-\boxed{\text{ア}}\,t-\boxed{\text{イ}}$$

となる．

(ii)　$f(x)$ は $x=\boxed{\text{ウ}}$ のとき最小値 $\boxed{\text{エオ}}$ をとる．

(2)　関数 $4^{x+2}-2^{x+1}+3$ は $x=\boxed{\text{カキ}}$ のとき最小となり，その最小値は

$\dfrac{\boxed{\text{クケ}}}{\boxed{\text{コサ}}}$ である．

26 対数の応用(桁数・小数首位) ……… 標準解答時間　8分

(1)　2^{2025} は [アイウ] 桁の整数であり，一の位の数字は [エ] である．ただし，$\log_{10} 2 = 0.3010$ とする．

(2)　a，b を正の整数とする．a^2 が 9 桁の整数であり，ab^3 が 24 桁の整数であるならば，a は [オ] 桁，b は [カ] 桁の整数である．

(3)　$\left(\frac{1}{6}\right)^{50}$ を小数で表したとき，初めて 0 でない数字が現れるのは小数第 [キク] 位である．ただし，$\log_{10} 2 = 0.3010$，$\log_{10} 3 = 0.4771$ とする．

27 対数不等式，対数関数の最大 ……… 標準解答時間　8分

(1)　不等式

$$2(\log_{\frac{1}{2}} x)^2 + 11 \log_{\frac{1}{2}} x + 12 \leqq 0$$

を満たす x の範囲は

$$\boxed{\text{ア}}\sqrt{\boxed{\text{イ}}} \leqq x \leqq \boxed{\text{ウエ}}$$

である．

(2)　x が (1) で求めた範囲を動くとき，

$$f(x) = \left(\log_2 \frac{x}{3}\right)\left(\log_2 \frac{x}{4}\right)$$

は，$x = \boxed{\text{オカ}}$ のとき最大値 $\boxed{\text{キ}} - \log_2 \boxed{\text{ク}}$ をとる．

28 対数関数のグラフ …………………… 標準解答時間　12分

関数 $f(x)=\log_2(4x-8)-1$ がある．

(1) この関数の定義域は $x>$ [ア] である．

(2) 方程式 $2f(x)=f(x+1)+1$ を解くと

$$x=\frac{\boxed{イ}+\sqrt{\boxed{ウ}}}{\boxed{エ}}$$

である．

(3) 曲線 $y=f(x)$ は曲線 $y=\log_2 x$ を x 軸方向に [オ]，y 軸方向に [カ] だけ平行移動したものである．

(4) $y=f(x)$ かつ $x \leqq a$ を満たす整数 x，y の組 (x, y) がちょうど3個になるような実数 a の値の範囲は

$$\boxed{キ} \leqq a < \boxed{クケ}$$

である．

第５章

微分・積分の考え

<table>
<tr><th>問題番号/テーマ</th><th>解答時間</th><th>標準コース</th><th>じっくりコース</th><th>特急コース</th></tr>
<tr><td>29. 微分係数</td><td>8 分</td><td rowspan="3">第 1 日</td><td>第 1 日</td><td rowspan="5">第 1 日</td></tr>
<tr><td>30. 極値・3 次関数の決定</td><td>8 分</td><td rowspan="2">第 2 日</td></tr>
<tr><td>31. 極値・微分法の方程式への応用</td><td>12 分</td></tr>
<tr><td>32. 接　線</td><td>8 分</td><td rowspan="2">第 2 日</td><td>第 3 日</td></tr>
<tr><td>33. 3 次関数の最大・最小</td><td>16 分</td><td>第 4 日</td></tr>
<tr><td>34. 定積分，面積の計算</td><td>16 分</td><td rowspan="3">第 3 日</td><td rowspan="2">第 5 日</td><td rowspan="5">第 2 日</td></tr>
<tr><td>35. 共通接線，面積の計算</td><td>8 分</td></tr>
<tr><td>36. 共通接線，面積の計算</td><td>8 分</td><td>第 6 日</td></tr>
<tr><td>37. 定積分で表された関数</td><td>12 分</td><td rowspan="2">第 4 日</td><td>第 7 日</td></tr>
<tr><td>38. 定積分で表された関数</td><td>8 分</td><td>第 8 日</td></tr>
</table>

29 微分係数 ……………………………… 標準解答時間　8分

(1)　$f(x)=ax^2+bx+c$（a，b，c：実数の定数）において，

$$f'(0)=3,\ f'(1)=5,\ f(2)=9$$

のとき，

$$a=\boxed{\text{ア}},\ b=\boxed{\text{イ}},\ c=\boxed{\text{ウエ}}$$

である．

(2)　$f(x)$ は3次関数で，$f'(0)=4$，$f'(1)=5$，$f'(2)=12$ が成り立っている．このとき，$f'(3)=\boxed{\text{オカ}}$ である．

(3)　まず，次の事項を確認しておこう．

微分係数

関数 $f(x)$ について極限値 $\displaystyle\lim_{h\to 0}\frac{f(a+h)-f(a)}{h}$ が存在するとき，$f(x)$ は $x=a$ で微分可能であるといい，この極限値のことを $f(x)$ の $x=a$ における微分係数といい，$f'(a)$ などと表す．

(i)　次の問題を考えよう．

問題　$f(x)$ が $x=a$ で微分可能な関数であるとき

$\displaystyle\lim_{h\to 0}\frac{f(a+3h)-f(a)}{h}$ を $f'(a)$ を用いて表せ．

解答

$\dfrac{f(a+3h)-f(a)}{h}=3\times\dfrac{f(a+3h)-f(a)}{3h}$　と変形され，

$h\to 0$ のとき $3h\to 0$ なので

$$\lim_{h\to 0}\frac{f(a+3h)-f(a)}{h}=3\times\lim_{3h\to 0}\frac{f(a+3h)-f(a)}{3h}=3f'(a).$$

(ii)　関数 $f(x)$ の $x=a$ における微分係数が 2 のとき，

$$\lim_{h\to 0}\frac{f(a+3h)-f(a-2h)}{h}=\boxed{\text{キク}}$$

である．

30 極値・3次関数の決定 ……………… 標準解答時間　8分

(1)　3次関数

$$f(x)=ax^3+bx^2+cx+d$$

が，$x=-1$ で極大値5をもち，$x=1$ で極小値1をもつように実数の定数 a，b，c，d の値を決めると，

$a=$ [ア]，$b=$ [イ]，$c=$ [ウエ]，$d=$ [オ]

である．

(2)　x の3次関数 x^3- [カ] x^2-24x+ [キク] は，$x=$ [ケコ] で極大値84をとり，$x=4$ で極小値 [サシス] をとる．

31 極値・微分法の方程式への応用 … 標準解答時間　12分

(1)　k を実数の定数とする．関数

$$f(x)=x^3+3kx^2-kx-1$$

が極値をもたないような k の値の範囲は

$$\frac{\boxed{アイ}}{\boxed{ウ}} \leqq k \leqq \boxed{エ}$$

である．

(2)　方程式 $x^3-3x^2-9x-a=0$ が相異なる三つの実数解をもつような a の値の範囲は

$$\boxed{オカキ} < a < \boxed{ク}$$

である．このとき，三つの実数解を α，β，γ $(\alpha<\beta<\gamma)$ とすれば，α，β，γ のとり得る値の範囲はそれぞれ

$$\boxed{ケコ} < \alpha < \boxed{サシ},$$

$$\boxed{スセ} < \beta < \boxed{ソ},$$

$$\boxed{タ} < \gamma < \boxed{チ}$$

である．

32 接　　線　…………………………… 標準解答時間　8分

(1) 座標平面上に曲線 $C: y=x^3+2x^2+x-2$ がある．曲線 C 上の点 $(1,\ 2)$ における接線の傾きは [ア] であるから，接線の方程式は

$$y= [イ] x- [ウ]$$

であり，この接線と曲線 C との共有点のうち，接点でないものの座標は ([エオ], [カキク]) である．

(2) 座標平面上に曲線 $C: y=x^3-6x^2+9x+1$ がある．C 上の点 $(t,\ t^3-6t^2+9t+1)$ における C の接線を l とする．l の方程式は t を用いて

$$y=([ケ] t^2- [コサ] t+ [シ])x$$
$$- [ス] t^3+ [セ] t^2+ [ソ]$$

と表せる．

l が点 $(0,\ 9)$ を通るような t の値を求めると，

$$t= [タチ],\ [ツ]$$

である．よって，点 $(0,\ 9)$ から C に引いた接線は2本あって，それらの方程式は

$$y= [テト] x+9 \quad と \quad y= [ナニ] x+9$$

である．ただし，[テト] $<$ [ナニ] とする．

33　3次関数の最大・最小 ……………… 標準解答時間　16分

(1)　関数 $f(\theta)=\sin 3\theta+2\cos 2\theta+\sin\theta$ $(0\leqq\theta<2\pi)$ について，

(i)　$x=\sin\theta$ とするとき，$f(\theta)$ を x の式で表すと

$$-\boxed{\text{ア}}x^3-\boxed{\text{イ}}x^2+\boxed{\text{ウ}}x+\boxed{\text{エ}}$$

である．

(ii)　$f(\theta)$ の最大値は $\dfrac{\boxed{\text{オカ}}}{\boxed{\text{キク}}}$ で，最小値は $\boxed{\text{ケコ}}$ である．

(2)　a は正の定数として，関数 $f(x)=x^3-3a^2x$ が $-1\leqq x\leqq1$ において とる値の最大値を M とするとき，

$$M=\begin{cases}\boxed{\text{サ}}-\boxed{\text{シ}}a^2 & \left(0<a<\dfrac{1}{2}\text{ のとき}\right),\\ \boxed{\text{ス}}a^3 & \left(\dfrac{1}{2}\leqq a<1\text{ のとき}\right),\\ \boxed{\text{セソ}}+\boxed{\text{タ}}a^2 & (1\leqq a\text{ のとき})\end{cases}$$

である．

$M=3$ となるような a の値を求めると $\dfrac{\boxed{\text{チ}}}{\sqrt{\boxed{\text{ツ}}}}$ である．

34 定積分，面積の計算 ……………… 標準解答時間　16分

(1)　$f(x)=|x^2-2|$ とすると，

$$f(x)=\begin{cases} x^2-2 & \left(x\leqq -\sqrt{\boxed{ア}},\ \sqrt{\boxed{ア}}\leqq x \text{ のとき}\right), \\ -x^2+2 & \left(-\sqrt{\boxed{ア}}\leqq x\leqq \sqrt{\boxed{ア}} \text{ のとき}\right) \end{cases}$$

であるから，

$$\int_{-2}^{2}f(x)dx=\frac{\boxed{イウ}\sqrt{\boxed{エ}}-\boxed{オ}}{\boxed{カ}}$$

である．

(2)　$a>0$ とする．放物線 $C:y=ax^2$ 上の点 $\mathrm{P}(1,\ a)$ における C の接線を l とし，また，P を通り l と直交する直線を l' とする．

(i)　l' の方程式は

$$y=\frac{\boxed{キク}}{\boxed{ケ}\,a}x+a+\frac{1}{\boxed{コ}\,a}$$

である．

(ii)　l' と y 軸との交点を Q として，線分 PQ，y 軸および放物線 C で囲まれる図形の面積を $S(a)$ とすると

$$S(a)=\frac{\boxed{サ}}{\boxed{シ}}a+\frac{1}{\boxed{ス}\,a}$$

となり，$S(a)$ は $a=\dfrac{\sqrt{\boxed{セ}}}{\boxed{ソ}}$ のとき最小値 $\dfrac{\sqrt{\boxed{タ}}}{\boxed{チ}}$ をとる．

35 共通接線，面積の計算 ……………… 標準解答時間　8分

a を正の定数とする．座標平面上に二つの放物線

$$C_1 : y = ax^2 - 4,$$

$$C_2 : y = -a(x-4)^2$$

があり，C_1 と C_2 が1点 $\mathrm{P}(p,\ q)$ を共有し，かつその点におけるそれぞれの接線が一致するという．この接線を l とする．このとき，

(1)

$$a = \frac{\boxed{\text{ア}}}{\boxed{\text{イ}}},\quad p = \boxed{\text{ウ}},\quad q = \boxed{\text{エオ}}$$

である．

(2) l の方程式は

$$y = \boxed{\text{カ}}\,x - \boxed{\text{キ}}$$

である．

(3) 放物線 C_1，接線 l および y 軸とで囲まれた図形の面積は

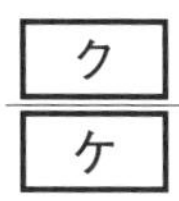

$$\frac{\boxed{\text{ク}}}{\boxed{\text{ケ}}}$$

である．

36 共通接線，面積の計算 ……………… 標準解答時間　8分

曲線 $C_1: y=x^2$ と $C_2: y=x^2+ax+b$ を考える．ここに，a，b は実数の定数で $a<0$ とする．

C_2 は点 A(5, −11) を通り，A における C_2 の接線を l とすると，l は C_1 に接している．

このとき，

(1) $a=$ アイウ，$b=$ エオ である．

(2) l の方程式は

$$y=\boxed{カキ}x-\boxed{ク}$$

であり，l と C_1 の接点の座標は $\left(\boxed{ケコ},\ \boxed{サ}\right)$ である．

(3) l と C_1，C_2 で囲まれた部分の面積を S とすると

$$S=\boxed{シス}$$

である．

37 定積分で表された関数 ……………… 標準解答時間　12分

実数 a に対して

$$I(a)=2a+3\int_0^2 x|x-a|dx$$

とする.

(1) $I(a)$ を求めると,

$$I(a)=\begin{cases} \boxed{\text{アイ}}\,a+\boxed{\text{ウ}} & \left(a\leqq \boxed{\text{ク}} \text{ のとき}\right), \\ a^3-\boxed{\text{エ}}\,a+\boxed{\text{オ}} & \left(\boxed{\text{ク}}\leqq a\leqq \boxed{\text{ケ}} \text{ のとき}\right), \\ \boxed{\text{カ}}\,a-\boxed{\text{キ}} & \left(\boxed{\text{ケ}}\leqq a \text{ のとき}\right) \end{cases}$$

である.

(2) $I(a)$ を最小とする a の値は $\dfrac{\boxed{\text{コ}}\sqrt{\boxed{\text{サ}}}}{\boxed{\text{シ}}}$ で,そのとき $I(a)$ の最小値は $\boxed{\text{ス}}-\dfrac{\boxed{\text{セソ}}\sqrt{\boxed{\text{タ}}}}{\boxed{\text{チ}}}$ である.

38 定積分で表された関数 ……………… 標準解答時間　8分

関数 $f(x)$, $g(x)$ が

$$\begin{cases} f(x)=x^2+\int_0^1 t\,g(t)dt, & \cdots\cdots ① \\ g(x)=3x+\int_0^1 f(t)dt & \cdots\cdots ② \end{cases}$$

を満たしている.

(1) 太郎さんと花子さんが次の**問題**について話し合っている.
二人の会話を読んで問いに答えよ.

> **問題** $f(x)$, $g(x)$ を求めよ.

太郎：①, ② において定積分 $\int_0^1 t\,g(t)dt$ と $\int_0^1 f(t)dt$ の値を求めればよいようだね.

花子：ここで $\int_0^1 t\,g(t)dt$ と $\int_0^1 f(t)dt$ はいずれも定数だから，ひとまず，a, b を定数として

$$a=\int_0^1 t\,g(t)dt \quad \cdots\cdots ③, \qquad b=\int_0^1 f(t)dt \quad \cdots\cdots ④$$

とおくと見通しが立て易くなるね.

太郎：すると ① と ② はそれぞれ

$$f(x)=x^2+a, \qquad g(x)=3x+b$$

と表されるので，$f(t)=t^2+a$, $g(t)=3t+b$

となるね. このあとはどうすればよいのだろう.

花子：すると ③, ④ は

$$a=\int_0^1 t(3t+b)dt, \qquad b=\int_0^1 (t^2+a)dt$$

となるので，これを計算すればいいんじゃないの.

太郎：それじゃあ計算してみるよ．

$$a=\frac{\boxed{ア}}{\boxed{イ}}b+\boxed{ウ},\qquad b=a+\frac{\boxed{エ}}{\boxed{オ}}$$

を得るので，

$$a=\frac{\boxed{カ}}{\boxed{キ}},\qquad b=\frac{\boxed{ク}}{\boxed{ケ}}$$

であることがわかる．よって，

$$f(x)=x^2+\frac{\boxed{カ}}{\boxed{キ}},\qquad g(x)=3x+\frac{\boxed{ク}}{\boxed{ケ}}$$

である．

(2)　放物線 $y=f(x)$ と直線 $y=g(x)$ で囲まれた図形の面積は

$$\frac{\boxed{コサ}\sqrt{\boxed{シス}}}{\boxed{セソ}}$$ である．

第 6 章

数　　　列

<table>
<tr><th>問題番号/テーマ</th><th>解答時間</th><th>標準コース</th><th>じっくりコース</th><th>特急コース</th></tr>
<tr><td>39. 等差数列，等比数列</td><td>8 分</td><td rowspan="2">第 1 日</td><td rowspan="2">第 1 日</td><td rowspan="5">第 1 日</td></tr>
<tr><td>40. 自然数の列の和</td><td>8 分</td></tr>
<tr><td>41. 図形列</td><td>12 分</td><td rowspan="2">第 2 日</td><td>第 2 日</td></tr>
<tr><td>42. いろいろな数列の和</td><td>8 分</td><td>第 3 日</td></tr>
<tr><td>43. (等差)×(等比) の数列の和</td><td>4 分</td><td rowspan="2">第 3 日</td><td>第 4 日</td></tr>
<tr><td>44. 和と一般項</td><td>8 分</td><td>第 5 日</td><td rowspan="3">第 2 日</td></tr>
<tr><td>45. 群数列</td><td>8 分</td><td rowspan="2">第 4 日</td><td>第 6 日</td></tr>
<tr><td>46. S_n を含む漸化式</td><td>8 分</td><td>第 7 日</td></tr>
</table>

39 等差数列，等比数列 …………………… 標準解答時間　8分

(1)　第2項が70，第7項が55である等差数列 $\{a_n\}$ がある．

この数列の初項は アイ で公差は ウエ であるので，一般項 a_n は

$$a_n = \boxed{\text{オカ}}\,n + \boxed{\text{キク}}$$

である．よって，

$$a_n < 0$$

を満たす最小の自然数 n は ケコ である．

(2)　初項から第3項までの和が52で，初項から第6項までの和が1456であるような実数からなる等比数列 $\{b_n\}$ がある．

この数列の初項は サ で，公比は シ であるので，一般項 b_n は

$$b_n = \boxed{\text{ス}} \cdot \boxed{\text{セ}}^{\,n-1}$$

である．

40 自然数の列の和 ……………………… 標準解答時間　8分

(1) 1から100までの自然数のうち，7で割ると1余る数は全部で アイ 個あり，これらの和は ウエオ である．

(2) 100から200までの整数のうち，

(i) 4の倍数は全部で カキ 個あってそれらの和は クケコサ である．

(ii) 6の倍数は全部で シス 個あってそれらの和は セソタチ であり，4または6の倍数の和は ツテトナ である．

41 図 形 列 ……………………………… 標準解答時間 12分

図のように，$\angle XOY=60^\circ$ を夾角とする二つの半直線 OX，OY に接し，かつ互いに外接する円 O_1，O_2，O_3，… が交点 O に向かって並んでいる．

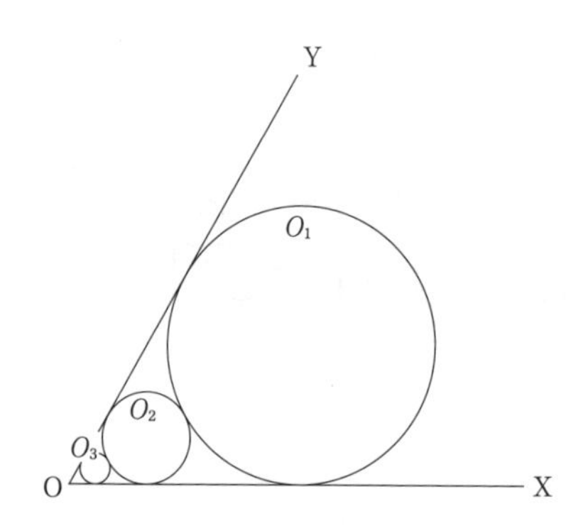

円 O_n の半径を r_n $(n=1,\ 2,\ 3,\ \cdots.)$ とするとき，$r_1=1$ である．

(1) 数列 r_1，r_2，r_3，… は初項が [ア] で，公比が $\dfrac{[イ]}{[ウ]}$ の等比数列をなすので，その第 n 項は

$$r_n=\left(\frac{[エ]}{[オ]}\right)^{n-1}$$

と表される．

(2) 円 O_n の面積を A_n とし，

$$S_n=A_1+A_2+\cdots+A_n$$

とするとき，

$$S_n=\frac{[カ]}{[キ]}\left\{1-\left(\frac{[ク]}{[ケ]}\right)^n\right\}\pi$$

である．

42 いろいろな数列の和 ………………… 標準解答時間　8分

(1)　恒等式

$$\frac{1}{k(k+1)}=\frac{1}{k}-\frac{1}{k+1},\qquad \frac{1}{(2k-1)(2k+1)}=\frac{1}{2}\left(\frac{1}{2k-1}-\frac{1}{2k+1}\right)$$

を利用すると

$$\sum_{k=1}^{50}\frac{1}{k(k+1)}=\frac{1}{1\cdot2}+\frac{1}{2\cdot3}+\frac{1}{3\cdot4}+\cdots+\frac{1}{50\cdot51}$$

$$=\frac{\boxed{\text{アイ}}}{\boxed{\text{ウエ}}}$$

であり，また

$$\sum_{k=1}^{50}\frac{1}{(2k-1)(2k+1)}=\frac{1}{1\cdot3}+\frac{1}{3\cdot5}+\frac{1}{5\cdot7}+\cdots+\frac{1}{99\cdot101}$$

$$=\frac{\boxed{\text{オカ}}}{\boxed{\text{キクケ}}}$$

である．

(2)

$$\sum_{k=1}^{4900}\frac{1}{\sqrt{2k-1}+\sqrt{2k+1}}=\frac{1}{1+\sqrt{3}}+\frac{1}{\sqrt{3}+\sqrt{5}}+\frac{1}{\sqrt{5}+\sqrt{7}}$$

$$+\cdots+\frac{1}{\sqrt{9799}+\sqrt{9801}}$$

$$=\boxed{\text{コサ}}$$

である．

43 (等差)×(等比)の数列の和 ………… 標準解答時間　4分

n は 2 以上の自然数として

$$S_n=\sum_{k=1}^{n}k\cdot 2^{k-1}=1\cdot 1+2\cdot 2+3\cdot 2^2+\cdots+n\cdot 2^{n-1} \quad \cdots\cdots ①$$

とする.

(1)　S_n を簡単な式で表すことを考える.

① の両辺に 2 を掛けて辺々引くと

$$S_n-2S_n=\boxed{ア}+2+2^2+\cdots+2^{n-1}-n\cdot\boxed{イ}^n$$

を得る. これより

$$S_n=\left(n-\boxed{ウ}\right)\cdot\boxed{エ}^n+\boxed{オ}$$

となる.

(2)　$S_n>20000$ を満たす最小の自然数 n は $\boxed{カキ}$ である.

44 和と一般項 ……………………………… 標準解答時間　8分

数列 $\{a_n\}$ の初項から第 n 項までの和 $S_n=\sum_{k=1}^{n} a_k$ が

$$S_n=-n^2+36n+1 \quad (n=1,\ 2,\ 3,\ \cdots)$$

で与えられるものとする.

このとき, $a_1=$ アイ であり, $n \geqq 2$ のとき

$$a_n= \boxed{\text{ウエ}}\, n+ \boxed{\text{オカ}}$$

である. よって, $a_n<0$ を満たす自然数 n の値の範囲は

$$n \geqq \boxed{\text{キク}}$$

であり,

$$\sum_{k=1}^{30} |a_k| = \boxed{\text{ケコサ}}$$

である.

45 群 数 列 ……………………………… 標準解答時間　8分

数 列 $\{a_n\}$ が $1,\ \frac{1}{2},\ \frac{2}{2},\ \frac{1}{3},\ \frac{2}{3},\ \frac{3}{3},\ \frac{1}{4},\ \frac{2}{4},\ \frac{3}{4},\ \frac{4}{4},\ \frac{1}{5},\ \cdots$

で与えられている．これを

$$1 \;\Big|\; \frac{1}{2},\ \frac{2}{2} \;\Big|\; \frac{1}{3},\ \frac{2}{3},\ \frac{3}{3} \;\Big|\; \frac{1}{4},\ \frac{2}{4},\ \frac{3}{4},\ \frac{4}{4} \;\Big|\; \frac{1}{5},\ \cdots$$

のように順番に1個，2個，3個，… ずつの区画に分けるものとする．

このとき，

(1)　$\frac{3}{20}$ は [アイ] 番目の区画の中で [ウ] 番目にあるので，数列 $\{a_n\}$ の第 [エオカ] 項である．

(2)　$a_{203}=\frac{\boxed{キク}}{\boxed{ケコ}}$ であり，$\sum_{k=1}^{203} a_k=\frac{\boxed{サシスセ}}{\boxed{ソタ}}$ である．

46 S_n を含む漸化式 …………………… 標準解答時間　8分

数列 $\{a_n\}$ の初項から第 n 項までの和 S_n と a_n の間に

$$S_n=3a_n+2n+1$$

という関係式が成り立っている．このとき，

$$a_1=\frac{\boxed{アイ}}{\boxed{ウ}}$$

である．

S_{n+1} と S_n の差を考えることにより，漸化式

$$a_{n+1}=\frac{\boxed{エ}}{\boxed{オ}}a_n-\boxed{カ}\quad(n=1,\ 2,\ 3,\ \cdots)$$

を得る．ここで数列 $\{a_n-\alpha\}$ が公比 $\dfrac{\boxed{エ}}{\boxed{オ}}$ の等比数列となるような定数 α の値を求めると

$$\alpha=\boxed{キ}$$

である．このことを利用して数列 $\{a_n\}$ の一般項を求めると

$$a_n=\boxed{ク}-\frac{\boxed{ケ}}{3}\left(\frac{\boxed{コ}}{\boxed{サ}}\right)^{\boxed{シ}}$$

である．

$\boxed{シ}$ の解答群

⓪ $n-2$	① $n-1$	② n	③ $n+1$	④ $n+2$

第 7 章
統計的な推測

<table>
<tr><th>問題番号/テーマ</th><th>解答時間</th><th>標準コース</th><th>じっくりコース</th><th>特急コース</th></tr>
<tr><td>47. 確率変数の分布，平均，分散</td><td>8 分</td><td rowspan="2">第 1 日</td><td rowspan="2">第 1 日</td><td rowspan="4">第 1 日</td></tr>
<tr><td>48. 確率変数の平均，分散</td><td>12 分</td></tr>
<tr><td>49. 連続型確率変数の平均，分散</td><td>12 分</td><td rowspan="2">第 2 日</td><td>第 2 日</td></tr>
<tr><td>50. 反復試行の確率</td><td>12 分</td><td>第 3 日</td></tr>
<tr><td>51. 確率変数 $aX+b$ の平均と分散・二項分布</td><td>8 分</td><td rowspan="2">第 3 日</td><td>第 4 日</td><td rowspan="4">第 2 日</td></tr>
<tr><td>52. 二項分布，標準正規分布</td><td>12 分</td><td>第 5 日</td></tr>
<tr><td>53. 母平均・母分散，標本平均の分布</td><td>12 分</td><td rowspan="2">第 4 日</td><td>第 6 日</td></tr>
<tr><td>54. $\overline{X}$ の平均・標準偏差，母平均の推定</td><td>16 分</td><td>第 7 日</td></tr>
</table>

解答上の注意

1　「統計的な推測」の問題を解答するにあたっては，必要に応じて次ページの正規分布表を用いてもよい．

2　小数の形で解答する場合，指定された桁数の一つ下の桁を四捨五入して答えなさい．また，必要に応じて，指定された桁まで0で答えなさい．

　例えば，［ア］．［イウ］に2.5と答えたいときは，2.50として答えなさい．

正　規　分　布　表

次の表は，標準正規分布の分布曲線における右図の灰色部分の面積の値をまとめたものである．

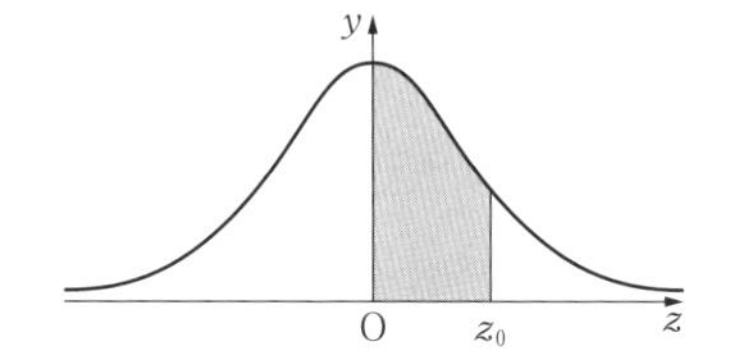

z_0	.00	.01	.02	.03	.04	.05	.06	.07	.08	.09
0.0	.0000	.0040	.0080	.0120	.0160	.0199	.0239	.0279	.0319	.0359
0.1	.0398	.0438	.0478	.0517	.0557	.0596	.0636	.0675	.0714	.0753
0.2	.0793	.0832	.0871	.0910	.0948	.0987	.1026	.1064	.1103	.1141
0.3	.1179	.1217	.1255	.1293	.1331	.1368	.1406	.1443	.1480	.1517
0.4	.1554	.1591	.1628	.1664	.1700	.1736	.1772	.1808	.1844	.1879
0.5	.1915	.1950	.1985	.2019	.2054	.2088	.2123	.2157	.2190	.2224
0.6	.2257	.2291	.2324	.2357	.2389	.2422	.2454	.2486	.2517	.2549
0.7	.2580	.2611	.2642	.2673	.2704	.2734	.2764	.2794	.2823	.2852
0.8	.2881	.2910	.2939	.2967	.2995	.3023	.3051	.3078	.3106	.3133
0.9	.3159	.3186	.3212	.3238	.3264	.3289	.3315	.3340	.3365	.3389
1.0	.3413	.3438	.3461	.3485	.3508	.3531	.3554	.3577	.3599	.3621
1.1	.3643	.3665	.3686	.3708	.3729	.3749	.3770	.3790	.3810	.3830
1.2	.3849	.3869	.3888	.3907	.3925	.3944	.3962	.3980	.3997	.4015
1.3	.4032	.4049	.4066	.4082	.4099	.4115	.4131	.4147	.4162	.4177
1.4	.4192	.4207	.4222	.4236	.4251	.4265	.4279	.4292	.4306	.4319
1.5	.4332	.4345	.4357	.4370	.4382	.4394	.4406	.4418	.4429	.4441
1.6	.4452	.4463	.4474	.4484	.4495	.4505	.4515	.4525	.4535	.4545
1.7	.4554	.4564	.4573	.4582	.4591	.4599	.4608	.4616	.4625	.4633
1.8	.4641	.4649	.4656	.4664	.4671	.4678	.4686	.4693	.4699	.4706
1.9	.4713	.4719	.4726	.4732	.4738	.4744	.4750	.4756	.4761	.4767
2.0	.4772	.4778	.4783	.4788	.4793	.4798	.4803	.4808	.4812	.4817
2.1	.4821	.4826	.4830	.4834	.4838	.4842	.4846	.4850	.4854	.4857
2.2	.4861	.4864	.4868	.4871	.4875	.4878	.4881	.4884	.4887	.4890
2.3	.4893	.4896	.4898	.4901	.4904	.4906	.4909	.4911	.4913	.4916
2.4	.4918	.4920	.4922	.4925	.4927	.4929	.4931	.4932	.4934	.4936
2.5	.4938	.4940	.4941	.4943	.4945	.4946	.4948	.4949	.4951	.4952
2.6	.4953	.4955	.4956	.4957	.4959	.4960	.4961	.4962	.4963	.4964
2.7	.4965	.4966	.4967	.4968	.4969	.4970	.4971	.4972	.4973	.4974
2.8	.4974	.4975	.4976	.4977	.4977	.4978	.4979	.4979	.4980	.4981
2.9	.4981	.4982	.4982	.4983	.4984	.4984	.4985	.4985	.4986	.4986
3.0	.4987	.4987	.4987	.4988	.4988	.4989	.4989	.4989	.4990	.4990

47 確率変数の分布，平均，分散 …… 標準解答時間　8分

赤球 3 個と青球 4 個の合計 7 個の球が入っている袋から 3 個の球を同時に取り出すとき，その中に含まれている赤球の個数を X とする．

X の確率分布は次の表のようになる．

X	0	1	2	3	計
P	$\frac{\boxed{ア}}{\boxed{イウ}}$	$\frac{\boxed{エオ}}{\boxed{イウ}}$	$\frac{\boxed{カキ}}{\boxed{イウ}}$	$\frac{\boxed{ク}}{\boxed{イウ}}$	1

これより，X の平均（期待値）$E(X)$ を求めると $E(X)=\frac{\boxed{ケ}}{\boxed{コ}}$ である．

また，X の分散 $V(X)$ を求めると $V(X)=\frac{\boxed{サシ}}{\boxed{スセ}}$ である．

48 確率変数の平均，分散 ……………… 標準解答時間　12分

袋に赤球3個と白球3個の合計6個の球が入っている．

この袋から無作為に球を1個取り出して，それが赤球であれば白球と，白球であれば赤球と取り換えて袋に戻すという操作を考える．

この操作を2回繰り返したあと袋に入っている赤球の個数を X とする．

また，この操作を3回繰り返したあと袋に入っている赤球の個数を Y とする．

(1)　$X=1$ となる確率は $P(X=1)=\dfrac{\boxed{\text{ア}}}{\boxed{\text{イ}}}$ である．

(2)　確率変数 X について，平均（期待値）$E(X)$ を求めると

$E(X)=\boxed{\text{ウ}}$ であり，分散 $V(X)$ を求めると $V(X)=\dfrac{\boxed{\text{エ}}}{\boxed{\text{オ}}}$ である．

(3)　確率変数 Y について，平均（期待値）$E(Y)$ を求めると

$E(Y)=\boxed{\text{カ}}$ である．

49 連続型確率変数の平均，分散 …… 標準解答時間　12分

連続型確率変数 X のとり得る値 x の範囲が $2 \leqq x \leqq 4$ であり，その確率密度関数が $f(x)=1-|x-3|$ と表されている．

$f(x)$ を絶対値記号を使わないで表すと

$$f(x)=\begin{cases} x-\boxed{ア} & \left(2 \leqq x \leqq \boxed{イ} \text{ のとき}\right) \\ \boxed{ウ}-x & \left(\boxed{イ} < x \leqq 4 \text{ のとき}\right) \end{cases}$$

となる．

$\int_2^4 f(x)dx=\boxed{エ}$ である．

X の平均（期待値）$E(X)$ を m とすると

$$m=\int_2^4 xf(x)dx$$

と定義される．$m=\boxed{オ}$ である．

X の分散 $V(X)$ は

$$V(X)=\int_2^4 (x-m)^2 f(x)dx$$

と定義される．この等式は $\boxed{カ}$ に同じである．

$\boxed{カ}$ の解答群

⓪　$V(X)=\int_2^4 x^2 f(x)dx+m^2$

①　$V(X)=\int_2^4 x^2 f(x)dx$

②　$V(X)=\int_2^4 x^2 f(x)dx-m^2$

これより，$V(X)=\dfrac{\boxed{キ}}{\boxed{ク}}$ である．

c を正の定数とする．確率 $P(|X-3| \leqq c)$ について考える．

$P(|X-3| \leqq c)=\dfrac{2}{3}$ となるような c の値は

$$c=\boxed{\text{ケ}}-\frac{\sqrt{\boxed{\text{コ}}}}{\boxed{\text{サ}}}$$

である．

50 反復試行の確率　……………………… 標準解答時間　12分

原点Oから出発して数直線上を動く点Pがある．1個のさいころを投げて，4以下の目が出ればPは正の向きに2だけ進み，5以上の目が出ればPは負の向きに1だけ進むという．

点Pが，正の向きに2だけ進む確率は $\dfrac{\boxed{\text{ア}}}{\boxed{\text{イ}}}$ であり，負の向きに1だけ進む確率は $\dfrac{\boxed{\text{ウ}}}{\boxed{\text{エ}}}$ である．

1個のさいころを投げる試行を3回繰り返したときの点Pの座標を X とする．X について考えよう．

1個のさいころを投げたとき，4以下の目が出るという事象を A，5以上の目が出るという事象を B とする．さいころを3回投げたとき，A が起こる回数を a とすると B が起こる回数は $\boxed{\text{オ}}-a$ であるから，X を a を用いて表すと $X=\boxed{\text{カ}}\,a-\boxed{\text{キ}}$ となる．

a のとり得る値は，0，1，2，3であることに着目すると，$X>0$ となる確率は $P(X>0)=\dfrac{\boxed{\text{クケ}}}{\boxed{\text{コサ}}}$ である．

また，X の平均（期待値）は $E(X)=\boxed{\text{シ}}$ であり，X の分散は $V(X)=\boxed{\text{ス}}$ である．

51 確率変数 $aX+b$ の平均と分散・二項分布　標準解答時間　8分

〔1〕 確率変数 X の平均（期待値）は 560，分散は 4900 である．

X に対して $Y=aX+b$（a は正の定数，b は定数）で定まる確率変数 Y の平均が 50，標準偏差が 10 になるという．このとき

$$a=\frac{\boxed{\text{ア}}}{\boxed{\text{イ}}},\quad b=\boxed{\text{ウエオ}}$$

である．

〔2〕

(1) 1 個のさいころを 1 回投げるとき，5 以上の目が出る確率は $\dfrac{\boxed{\text{カ}}}{\boxed{\text{キ}}}$ である．

(2) 1 個のさいころを 180 回投げるとき，5 以上の目が出る回数を X とする．

確率変数 X は二項分布 $B\left(\boxed{\text{クケコ}},\ \dfrac{\boxed{\text{サ}}}{\boxed{\text{シ}}}\right)$ に従い，X の平均（期待値），分散，標準偏差はそれぞれ

$$E(X)=\boxed{\text{スセ}},\quad V(X)=\boxed{\text{ソタ}},\quad \sigma(X)=\boxed{\text{チ}}\sqrt{\boxed{\text{ツテ}}}$$

である．

52 二項分布，標準正規分布 ………… 標準解答時間　12分

1枚の硬貨を400回投げて，そのうち表が出る回数をXとする．

確率変数Xは二項分布$B\left(\boxed{\text{アイウ}},\ \dfrac{\boxed{\text{エ}}}{\boxed{\text{オ}}}\right)$に従い，$X$の平均（期待値）と分散はそれぞれ$E(X)=\boxed{\text{カキク}}$，$V(X)=\boxed{\text{ケコサ}}$である．

いま確率変数Zを$Z=\dfrac{X-\boxed{\text{カキク}}}{\boxed{\text{シス}}}$で定めると，$Z$は標準正規分布$N(0,\ 1)$に従うとみなすことができる．すると

$$P(X\leqq 180)=P(Z\leqq \boxed{\text{セソ}})$$

となるから，確率$P(X\leqq 180)$の近似値は正規分布表から

$$P(Z\leqq \boxed{\text{セソ}})=\boxed{\text{タ}}$$

である．

同様にして，確率$P(180\leqq X\leqq 230)$の近似値を求めることができて

$$P(180\leqq X\leqq 230)=\boxed{\text{チ}}$$

である．

$\boxed{\text{タ}}$，$\boxed{\text{チ}}$の解答群（同じものを繰り返し選んでもよい．）

⓪　0.0114	①　0.0228	②　0.0398
③　0.3413	④　0.4772	⑤　0.4938
⑥　0.4987	⑦　0.9759	

53 母平均・母分散，標本平均の分布　標準解答時間　12分

数字 X	4	5	6	7	計
個　数	4	3	2	1	10

右の表のように，4から7までの数字が記入された10個の球がある．

これを母集団とし，球に記入された数 X をこの母集団の変量とする．

合計10個の球を袋に入れ，これから大きさが25の標本を復元抽出する．このとき，標本平均 $\overline{X}$ が5.3以上の値をとる確率を求める．

(1)　母平均，母分散はそれぞれ $E(X)=$ **ア**，$V(X)=$ **イ** である．

(2)　標本平均 $\overline{X}$ は近似的に正規分布 $N\left(\boxed{ウ},\ \dfrac{\boxed{エ}}{\boxed{オカ}}\right)$ に従う．

$$Z=\frac{\overline{X}-\boxed{ウ}}{\dfrac{\boxed{キ}}{\boxed{ク}}}$$

とすると Z は，平均0，標準偏差1の正規分布 $N(0,\ 1)$ に従うことが知られている．

$\overline{X}\geqq5.3$ は $Z\geqq\boxed{ケ}.\boxed{コ}$ に対応するので

$$P(\overline{X}\geqq5.3)=P\left(Z\geqq\boxed{ケ}.\boxed{コ}\right)$$

である．求める確率の近似値は

$$P(\overline{X}\geqq5.3)=0.\boxed{サシスセ}$$

である．

54 $\overline{X}$の平均・標準偏差，母平均の推定　標準解答時間　16分

ある生産地で生産されているピーマン全体を母集団とし，この母集団におけるピーマン1個の重さ（単位はg）を表す確率変数をXとする．mとσを正の実数とし，Xは正規分布$N(m,\ \sigma^2)$に従うとする．

(1)　この母集団から1個のピーマンを無作為に抽出したとき，重さがm g以上である確率$P(X \geqq m)$は

$$P(X \geqq m)=P\left(\frac{X-m}{\sigma} \geqq \boxed{\text{ア}}\right)=\frac{\boxed{\text{イ}}}{\boxed{\text{ウ}}}$$

である．

(2)　母集団から無作為に抽出された大きさnの標本X_1，X_2，…，X_nの標本平均を$\overline{X}$とする．$\overline{X}$の平均（期待値）と標準偏差はそれぞれ

$$E(\overline{X})=\boxed{\text{エ}},\quad \sigma(\overline{X})=\boxed{\text{オ}}$$

となる．

$\boxed{\text{エ}}$，$\boxed{\text{オ}}$の解答群（同じものを繰り返し選んでもよい．）

⓪ σ	① σ^2	② $\dfrac{\sigma}{\sqrt{n}}$	③ $\dfrac{\sigma^2}{n}$	④ m
⑤ $2m$	⑥ m^2	⑦ $\sqrt{m}$	⑧ $\dfrac{\sigma}{n}$	⑨ $n\sigma$

$n=400$，標本平均が30.0 g，標本の標準偏差が3.6 gのとき，mの信頼度95%の信頼区間を次の**方針**で求めよう．

方針

Zを標準正規分布$N(0,\ 1)$に従う確率変数として，$P(-z_0 \leqq Z \leqq z_0)=0.95$となる$z_0$を正規分布表から求める．この$z_0$を用いると$m$に対する信頼度95%の信頼区間が求められる．

方針において，$z_0 =$ カ . キク である．

一般に，標本の大きさ n が大きいときには，母標準偏差の代わりに，標本の標準偏差を用いてよいことが知られている．

$n=400$ は十分に大きいので，**方針**に基づくと，m に対する信頼度95％の信頼区間は ケ となる．

ケ については，最も適当なものを，次の⓪～⑤のうちから一つ選べ．

⓪ $28.5 \leqq m \leqq 31.5$　　① $28.6 \leqq m \leqq 31.4$

② $28.7 \leqq m \leqq 31.3$　　③ $28.8 \leqq m \leqq 31.2$

④ $28.9 \leqq m \leqq 31.1$　　⑤ $29.6 \leqq m \leqq 30.4$

第8章
ベクトル

問題番号/テーマ	解答時間	標準コース	じっくりコース	特急コース
55. 図形への応用	8分	第1日	第1日	第1日
56. 図形への応用	12分		第2日	
57. ベクトルの内積	12分	第2日	第3日	
58. ベクトルの内積	12分		第4日	
59. 空間ベクトル(正四面体)	8分		第5日	第2日
60. 空間ベクトル(ベクトルの大きさ)	4分	第3日	第6日	
61. 空間座標(点と直線)	8分		第7日	
62. 空間座標(球面)	8分			

55 図形への応用 ……………………… 標準解答時間　8分

三角形ABCと点Mについて関係式

$$4\overrightarrow{AM}+3\overrightarrow{BM}+2\overrightarrow{CM}=\vec{0}$$

が成り立っている.

(1) 直線AMと辺BCとの交点をDとするとき,

$$\overrightarrow{MD}=\frac{\boxed{ア}}{\boxed{イ}}\overrightarrow{MB}+\frac{\boxed{ウ}}{\boxed{エ}}\overrightarrow{MC}$$

である.

(2)

$$\overrightarrow{AM}=\frac{\boxed{オ}}{\boxed{カ}}\overrightarrow{AB}+\frac{\boxed{キ}}{\boxed{ク}}\overrightarrow{AC}$$

である.

(3) 辺AB, AC上にそれぞれ点E, Fを

$$2\overrightarrow{ME}+\overrightarrow{MF}=\vec{0}$$

となるようにとるとき,

$$\overrightarrow{AE}=\frac{\boxed{ケ}}{\boxed{コ}}\overrightarrow{AB},\qquad \overrightarrow{AF}=\frac{\boxed{サ}}{\boxed{シ}}\overrightarrow{AC}$$

である.

56 図形への応用 ……………………… 標準解答時間　12分

(1) 三角形OABがあって，OA=5，AB=7，BO=3である．この三角形OABの内接円の中心をIとする．このとき，

$$\overrightarrow{OI}=\frac{\boxed{ア}}{\boxed{イ}}\overrightarrow{OA}+\frac{\boxed{ウ}}{\boxed{エ}}\overrightarrow{OB}$$

である．

(2) 三角形OABにおいて，辺OAを1：2に内分する点をC，辺OBを2：3に内分する点をD，辺ABの中点をMとし，BCとDMの交点をPとする．

(i)
$$\overrightarrow{OP}=\frac{\boxed{オ}}{\boxed{カキ}}\overrightarrow{OA}+\frac{\boxed{ク}}{\boxed{ケコ}}\overrightarrow{OB}$$

である．

(ii) $\angle AOB=\frac{\pi}{3}$，$\overrightarrow{OP}\perp\overrightarrow{AB}$ とするとき，

$$\frac{|\overrightarrow{OA}|}{|\overrightarrow{OB}|}=\frac{\sqrt{\boxed{サシ}}-\boxed{ス}}{\boxed{セ}}$$

である．

57 ベクトルの内積 ……………………… 標準解答時間　12分

三角形 ABC の 3 辺の長さを AB=2，BC=4，CA=3 とし，外接円の中心を O とするとき，

(1) $\overrightarrow{AB}\cdot\overrightarrow{AC}=\dfrac{\boxed{アイ}}{\boxed{ウ}}$ である．

(2) $2\overrightarrow{AO}\cdot\overrightarrow{AB}=\boxed{エ}$，$2\overrightarrow{AO}\cdot\overrightarrow{AC}=\boxed{オ}$ である．

(3) $\overrightarrow{AO}=s\overrightarrow{AB}+t\overrightarrow{AC}$（$s$，$t$：実数）と表すとき，

$$s=\frac{\boxed{カキ}}{\boxed{クケ}},\quad t=\frac{\boxed{コサ}}{\boxed{シス}}$$

である．

58 ベクトルの内積 ……………………… 標準解答時間　12分

(1)　平面上に3点O, A, Bがあって, $|\overrightarrow{OA}|=2$, $|\overrightarrow{OB}|=\sqrt{3}$, $\overrightarrow{OA}\cdot\overrightarrow{OB}=3$ である．このとき，

(i)　ベクトル $\overrightarrow{OA}$, $\overrightarrow{OB}$ のなす角を θ $(0\leqq\theta\leqq\pi)$ とすると

$$\theta=\frac{\boxed{ア}}{\boxed{イ}}\pi$$

である．

(ii)　$AB=\boxed{ウ}$ である．

(iii)　三角形OABの面積は $\dfrac{\sqrt{\boxed{エ}}}{\boxed{オ}}$ である．

(2)　Oを原点とする座標平面において，円 $x^2+y^2=5$ と直線 $x+2y-3=0$ の2交点の x 座標は $\boxed{カキ}$ と $\dfrac{\boxed{クケ}}{\boxed{コ}}$ である．この2交点をP，Qとするとき，内積 $\overrightarrow{OP}\cdot\overrightarrow{OQ}=\dfrac{\boxed{サシ}}{\boxed{ス}}$ が成り立ち，三角形OPQの面積は $\dfrac{\boxed{セソ}}{\boxed{タ}}$ である．

59 空間ベクトル(正四面体) …………… 標準解答時間　8分

1辺の長さが1の正四面体 ABCD において，辺 CD の中点を M とする．

(1)　$\overrightarrow{AB}\cdot\overrightarrow{AC}=\dfrac{\boxed{ア}}{\boxed{イ}}$，　$\overrightarrow{AB}\cdot\overrightarrow{AM}=\dfrac{\boxed{ウ}}{\boxed{エ}}$　である．

(2)　$\angle BAM=\theta$　とするとき，

$$\cos\theta=\frac{1}{\sqrt{\boxed{オ}}}$$

である．

(3)　$\overrightarrow{AC}\cdot\overrightarrow{BD}=\boxed{カ}$，　$|\overrightarrow{AC}+\overrightarrow{BD}|=\sqrt{\boxed{キ}}$　である．

60 空間ベクトル(ベクトルの大きさ)　標準解答時間　4分

$\vec{a}=(2,\ -1,\ 4)$, $\vec{b}=(3,\ 1,\ -2)$ と実数 t に対して

$$\vec{c}=\vec{a}+t\vec{b}$$

とする.

(1)　$|\vec{c}|^2$ を t の式で表すと

$$|\vec{c}|^2=\boxed{\text{アイ}}\,t^2-\boxed{\text{ウ}}\,t+\boxed{\text{エオ}}$$

である.

(2)　$|\vec{c}|$ が最小となるときの t の値 t_0 を求めると

$$t_0=\frac{\boxed{\text{カ}}}{\boxed{\text{キク}}}$$

である.

(3)　(2)で求めた t_0 に対して $\vec{c_0}=\vec{a}+t_0\vec{b}$ とするとき,

$$\vec{b}\cdot\vec{c_0}=\boxed{\text{ケ}}$$

である.

61 空間座標(点と直線) ………………… 標準解答時間　8分

Oを原点とする座標空間に二つの点A(1, 3, 4), B(7, 6, −3)がある．2点 O, A を通る直線をlとする．

(1) 内積について，$\overrightarrow{\mathrm{OA}}\cdot\overrightarrow{\mathrm{OB}}=$ [アイ] である．

(2) l上に点Pを，$\overrightarrow{\mathrm{OA}}$と$\overrightarrow{\mathrm{BP}}$が垂直となるようにとる．このとき，

$$\overrightarrow{\mathrm{OP}}=k\overrightarrow{\mathrm{OA}}\ (k\text{は実数})$$

とすると，

$$k=\frac{\boxed{\text{ウ}}}{\boxed{\text{エ}}}$$

である．

(3) lに関してBと対称な点をCとすると

$$\mathrm{C}\left(\boxed{\text{オカ}},\ \boxed{\text{キク}},\ \boxed{\text{ケ}}\right)$$

である．

62 空間座標（球面）　……………………　標準解答時間　8分

(1)　座標空間において，点 A$(1,\ 2,\ -3)$ を中心とし，点 B$(3,\ 4,\ -2)$ を通る球面 S の方程式を求めよう．

そのために，まず球面とはどのような図形なのかを確認しておこう．

球面

空間において，定点 C から一定の距離 $r(>0)$ にある点の集合を，C を中心とする半径 r の球面，または単に球という．

S の半径を r とする．S 上の点 P について，点 A が中心なので

$|\overrightarrow{\mathrm{AP}}|=r$　つまり

$$|\overrightarrow{\mathrm{AP}}|^2=r^2 \qquad \cdots\cdots(*)$$

である．ここで，r は線分 AB の長さに等しいから $r=$ [ア] である．

P の座標を $(x,\ y,\ z)$ として，$(*)$ を $x,\ y,\ z$ を用いて表すと

$$(x-\boxed{イ})^2+(y-\boxed{ウ})^2+(z+\boxed{エ})^2=\boxed{オ}$$

を得る．これが求める S の方程式である．

(2)　座標空間に方程式

$$x^2+y^2+z^2-4x-2y-2az+a^2-20=0$$

で表される図形 S がある．ただし，a は実数の定数である．

S は点 $(\boxed{カ},\ \boxed{キ},\ \boxed{ク})$ を中心とする半径が [ケ] の球面である．

S が xy 平面と交わってできる円の半径が 4 であるならば

$$a=\pm\boxed{コ}$$

である．

第 9 章

平面上の曲線と複素数平面

<table>
<tr><th>問題番号/テーマ</th><th>解答時間</th><th>標準コース</th><th>じっくりコース</th><th>特急コース</th></tr>
<tr><td>63. 共役な複素数，絶対値</td><td>8分</td><td rowspan="3">第1日</td><td rowspan="2">第1日</td><td rowspan="5">第1日</td></tr>
<tr><td>64. 極形式</td><td>8分</td></tr>
<tr><td>65. ド・モアブルの定理</td><td>16分</td><td>第2日</td></tr>
<tr><td>66. 点の回転・拡大</td><td>8分</td><td rowspan="2">第2日</td><td>第3日</td></tr>
<tr><td>67. 動点のえがく図形，複素数と偏角</td><td>12分</td><td>第4日</td></tr>
<tr><td>68. 2次曲線（放物線）</td><td>8分</td><td rowspan="3">第3日</td><td>第5日</td><td rowspan="3">第2日</td></tr>
<tr><td>69. 2次曲線（楕円）</td><td>8分</td><td>第6日</td></tr>
<tr><td>70. 2次曲線（双曲線）</td><td>8分</td><td>第7日</td></tr>
</table>

63 共役な複素数，絶対値 ……………… 標準解答時間　8分

二つの複素数 α，β が $|\alpha|=5$，$|\beta|=3$，$|\alpha-\beta|=7$ を満たしているとする．

このとき

$$\alpha\overline{\beta}+\overline{\alpha}\beta=\boxed{アイウ},\quad |3\alpha-5\beta|=\boxed{エオ}\sqrt{\boxed{カ}}$$

である．

また，$\dfrac{\beta}{\alpha}$ の実部は $\dfrac{\boxed{キク}}{\boxed{ケコ}}$ である．

64 極形式 ……………………………… 標準解答時間　8分

次の(1), (2), (3)の複素数を極形式 $r(\cos\theta+i\sin\theta)(r>0,\ 0\leqq\theta<2\pi)$ の形で表そう．r と θ の組 $(r,\ \theta)$ をそれぞれ求めよ．

(1)　$2i$　　$(r,\ \theta)=\left(\boxed{\text{ア}},\ \dfrac{\boxed{\text{イ}}}{\boxed{\text{ウ}}}\pi\right)$

(2)　$-1-\sqrt{3}\,i$　　$(r,\ \theta)=\left(\boxed{\text{エ}},\ \dfrac{\boxed{\text{オ}}}{\boxed{\text{カ}}}\pi\right)$

(3)　$\dfrac{7-i}{3-4i}$　　$(r,\ \theta)=\left(\sqrt{\boxed{\text{キ}}},\ \dfrac{\boxed{\text{ク}}}{\boxed{\text{ケ}}}\pi\right)$

65 ド・モアブルの定理 ……………… 標準解答時間 16分

〔1〕 z の方程式 $z^3=-8i$ を解くと

$$z=\boxed{\text{ア}}i,\ \boxed{\text{イ}}\sqrt{\boxed{\text{ウ}}}-i,\ \sqrt{\boxed{\text{エ}}}-i$$

である.

〔2〕 $\alpha=\cos\dfrac{2\pi}{5}+i\sin\dfrac{2\pi}{5}$ とする.

(1) $\alpha^5=\boxed{\text{オ}}$ であり,

$$\alpha^4+\alpha^3+\alpha^2+\alpha+1=\boxed{\text{カ}}$$

である.

(2) $t=\alpha+\dfrac{1}{\alpha}$ とすると, t は方程式 $t^2+t=\boxed{\text{キ}}$ の解である.

(3) $\dfrac{1}{\alpha}=\cos\dfrac{2\pi}{5}-i\sin\dfrac{2\pi}{5}$ であること, および $\cos\dfrac{2\pi}{5}>0$ であることから

$$\cos\frac{2\pi}{5}=\frac{\boxed{\text{クケ}}+\sqrt{\boxed{\text{コ}}}}{\boxed{\text{サ}}}$$

である.

(4) $\cos\dfrac{4\pi}{5}=\dfrac{\boxed{\text{シス}}-\sqrt{\boxed{\text{セ}}}}{\boxed{\text{ソ}}}$

である.

66 点の回転・拡大 ……………………… 標準解答時間　8分

〔1〕 複素数 $z=\dfrac{2}{1-\sqrt{3}\,i}$ を $z=r(\cos\theta+i\sin\theta)$ $(r>0,\ 0\leqq\theta<2\pi)$ と表したとき，$r=$ ［ア］，$\theta=\dfrac{［イ］}{［ウ］}\pi$ であり，$z^2+z^4+z^6=$ ［エ］ である．

〔2〕 複素数平面上の点 z を原点を中心に $\dfrac{\pi}{6}$ だけ回転し，さらに原点からの距離を 2 倍にしたら点 $3\sqrt{3}-5i$ になったという．

複素数 z を求めると

$$z=［オ］-［カ］\sqrt{［キ］}\,i$$

である．

〔3〕 複素数平面上で，3 点 O(0)，A(α)，B(β) を頂点とする三角形 OAB が

$$\angle\mathrm{AOB}=\frac{\pi}{6},\quad \frac{\mathrm{OA}}{\mathrm{OB}}=\sqrt{3}$$

を満たすとき，

$$\alpha^2-［ク］\alpha\beta+［ケ］\beta^2=0$$

が成り立つ．

67 動点のえがく図形，複素数と偏角　標準解答時間　12分

複素数平面上で点 z は単位円上を動くとする．

複素数 w は $w=z+\sqrt{2}(1+i)$ を満たすとし，点 w 全体の集合を考える．

(1)　点 w の絶対値のとり得る値の範囲は

$$\boxed{ア} \leqq |w| \leqq \boxed{イ}$$

であり，w の偏角 $\arg w$ のとり得る値の範囲は

$$\frac{\boxed{ウ}}{\boxed{エオ}}\pi \leqq \arg w \leqq \frac{\boxed{カ}}{\boxed{キク}}\pi$$

である．ただし，$0 \leqq \arg w < 2\pi$ とする．

(2)　点 w^3 の絶対値のとり得る値の範囲は

$$\boxed{ケ} \leqq |w^3| \leqq \boxed{コサ}$$

であり，w^3 の偏角 $\arg w^3$ のとり得る値の範囲は

$$\frac{\boxed{シ}}{\boxed{ス}}\pi \leqq \arg w^3 \leqq \frac{\boxed{セ}}{\boxed{ソ}}\pi$$

である．ただし，$0 \leqq \arg w^3 < 2\pi$ とする．

68　2次曲線（放物線）　…………………… 標準解答時間　8分

〔1〕 座標平面上で，点 $(4,\ 0)$ をF，直線 $x=-4$ を l とし，Fと l までの距離が等しい点 $\mathrm{P}(x,\ y)$ の軌跡を求めてみよう．

点Pから直線 l に下ろした垂線をPHとすれば，PF＝PHより

$$\sqrt{(x-\boxed{\text{ア}})^2+y^2}=\left|x-\left(\boxed{\text{イウ}}\right)\right|$$

が成り立つ．この両辺を2乗して整理すると

$$y^2=\boxed{\text{エオ}}\,x$$

となる．これは放物線を表す．この放物線について，焦点は $\left(\boxed{\text{カ}},\ \boxed{\text{キ}}\right)$ であり，準線は直線 $x=\boxed{\text{クケ}}$ である．

〔2〕 放物線の焦点と準線を求めよう．

(1) 放物線 $y^2=2x$ の焦点は $\left(\dfrac{\boxed{\text{コ}}}{\boxed{\text{サ}}},\ \boxed{\text{シ}}\right)$ であり，準線は直線 $x=\dfrac{\boxed{\text{スセ}}}{\boxed{\text{ソ}}}$ である．

(2) 放物線 $y^2=-3x$ の焦点は $\left(\dfrac{\boxed{\text{タチ}}}{\boxed{\text{ツ}}},\ \boxed{\text{テ}}\right)$ であり，準線は直線 $x=\dfrac{\boxed{\text{ト}}}{\boxed{\text{ナ}}}$ である．

69 2次曲線（楕円） ……………………… 標準解答時間 8分

〔1〕 楕円の長軸・短軸の長さ，焦点を求めよう．

(1) 楕円 $\dfrac{x^2}{25}+\dfrac{y^2}{16}=1$ について，長軸の長さは［アイ］，短軸の長さは［ウ］であり，焦点は$\left(\boxed{エ},\ \boxed{オ}\right)$と$\left(\boxed{カキ},\ \boxed{ク}\right)$である．

(2) 楕円 $16x^2+9y^2=144$ について，長軸の長さは［ケ］，短軸の長さは［コ］であり，焦点は$\left(\boxed{サ},\ \sqrt{\boxed{シ}}\right)$と$\left(\boxed{ス},\ -\sqrt{\boxed{セ}}\right)$である．

〔2〕 円 C：$x^2+y^2=16$ を x 軸を基準にして y 軸方向に $\dfrac{3}{4}$ 倍にするとどのような曲線になるかを考える．

円 C 上に点 Q$(s,\ t)$ をとり，これが移された点を P$(x,\ y)$ とすると

$$\begin{cases} x=s \\ y=\dfrac{\boxed{ソ}}{\boxed{タ}}t \end{cases}$$

が成り立つ．ここで，Q$(s,\ t)$ が円 C 上にあることに着目すると

$$\frac{x^2}{\boxed{チツ}}+\frac{y^2}{\boxed{テ}}=1$$

が成り立つ．これは楕円を表す．

70　2次曲線（双曲線）　…………………… 標準解答時間　8分

〔1〕 双曲線 C：$\dfrac{x^2}{9}-\dfrac{y^2}{4}=1$ を考える．

焦点は $\mathrm{F}\left(\sqrt{\boxed{アイ}},\ \boxed{ウ}\right)$，$\mathrm{F}'\left(-\sqrt{\boxed{エオ}},\ \boxed{カ}\right)$ であり，漸近線は直線 $y=\dfrac{\boxed{キ}}{\boxed{ク}}x$ と 直線 $y=\dfrac{\boxed{ケコ}}{\boxed{サ}}x$ である．

いま，双曲線 C 上に点 $\mathrm{A}(3\sqrt{2},\ 2)$ をとると

$$\mathrm{AF}'-\mathrm{AF}=\boxed{シ}$$

である．

〔2〕 2点 $(7,\ 0)$，$(-7,\ 0)$ を焦点とし，焦点からの距離の差が6であるような双曲線の方程式は

$$\frac{x^2}{\boxed{ス}}-\frac{y^2}{\boxed{セソ}}=1$$

である．

24920

河合塾
SERIES

マーク式基礎問題集
数学Ⅱ・B・C

解答・解説編

七訂版

第１章　式と証明・高次方程式

1

アイウ＝－80，エオカキクケ＝－15120，コ＝2，サ＝5，シ＝3，ス＝6，セ＝2，ソタ＝－4，チツ＝－1.

(1) (i) $(x-2y)^5$ の展開式における一般項は，二項定理により

$$ {}_5C_r x^{5-r}(-2y)^r = {}_5C_r x^{5-r}(-2)^r y^r = {}_5C_r(-2)^r x^{5-r}y^r $$

である．ここで，x^2y^3 の項は $r=3$ のときに対応するから，求める係数は

$$ {}_5C_3(-2)^3 = 10\cdot(-8) = \boxed{-80} $$

である．

(ii) $(x-2y+3z)^7=\{(x-2y)+3z\}^7$ の展開式における一般項は，二項定理により

$$ {}_7C_r(x-2y)^{7-r}(3z)^r = {}_7C_r 3^r(x-2y)^{7-r}z^r \quad \cdots ① $$

である．ここで z の次数に注目すると，$x^2y^3z^2$ の項が現れるのは $r=2$ の場合である．このとき，① は

$$ {}_7C_2 3^2(x-2y)^5 z^2 $$

となり，$(x-2y)^5$ を展開したときの x^2y^3 の係数は (i) の結果より -80 である．よって，$x^2y^3z^2$ の係数は

$$ {}_7C_2 3^2\cdot(-80) = 21\cdot 9\cdot(-80) = \boxed{-15120} $$

である．

⬅$x-2y$ を１つのものと考えて，$\{(x-2y)+3z\}^7$ を展開する．

ここで使用した「二項定理」を確認しておこう．

二項定理

$$ (a+b)^n = {}_nC_0 a^n + {}_nC_1 a^{n-1}b + {}_nC_2 a^{n-2}b^2 + \cdots + {}_nC_r a^{n-r}b^r + \cdots + {}_nC_{n-1} ab^{n-1} + {}_nC_n b^n. $$

(2) 実際に割り算を実行してみればよい.

$$
\begin{array}{r|l}
 & 2x \quad -5 \\
\hline
2x^2+3x-4 & 4x^3 \ -4x^2-20x+26 \\
 & 4x^3 \ +6x^2 \ -8x \\
\hline
 & \quad -10x^2-12x+26 \\
 & \quad -10x^2-15x+20 \\
\hline
 & \qquad\qquad 3x \ +6
\end{array}
$$

これより商は $\boxed{2}x-\boxed{5}$ で，余りは $\boxed{3}x+\boxed{6}$ とわかる.

(3) まず $P(x)$ を $(x-1)^2=x^2-2x+1$ で割ってみる.

$$
\begin{array}{r|llll}
 & 1 & a+2 & & \\
\hline
1 \quad -2 \quad 1 & 1 & a & b & c \\
 & 1 & -2 & 1 & \\
\hline
 & & a+2 & b-1 & c \\
 & & a+2 & -2a-4 & a+2 \\
\hline
 & & & 2a+b+3 & -a+c-2
\end{array}
$$

← x を省略して係数だけを並べている.

これより $P(x)$ を $(x-1)^2$ で割ったときの余りは

$$(2a+b+3)x-a+c-2$$

となるが，これが $3x-5$ に等しいことから

$$\begin{cases} 2a+b+3=3, \\ -a+c-2=-5 \end{cases}$$

つまり

$$\begin{cases} 2a+b=0, & \cdots ① \\ a-c=3 & \cdots ② \end{cases}$$

が成り立つ．また，$P(x)$ を $x+1$ で割った余りは剰余の定理より

$$\begin{aligned} P(-1)&=(-1)^3+a\cdot(-1)^2+b\cdot(-1)+c \\ &=-1+a-b+c \end{aligned}$$

である．これが 4 に等しいので

$$-1+a-b+c=4$$

つまり

←実際に割り算を実行してもよいが，1 次式で割った余りを求めるには剰余の定理を利用するとよい.

$$a-b+c=5 \quad \cdots ③$$

が成り立つ．

①，②，③より

$$a=\boxed{2},\ b=\boxed{-4},\ c=\boxed{-1}$$

を得る．

⬅ ①＋②＋③を作ると　$4a=8$．これより　$a=2$．

ここで使用した「剰余の定理」を確認しておこう．

剰余の定理

多項式 $P(x)$ について，

「$P(x)$ を $x-\alpha$ で割ったときの余り」$=P(\alpha)$．

2

ア＝2，イ＝3，ウ＝4，エ＝2，オ＝3，カキ＝10，ク＝6，ケコ＝−4，サシ＝24，スセ＝10，ソ＝5．

(1)　与えられた条件により，恒等式

$$A=B\times(x^2+2x+3)+4x-5$$

を得る．変形して

$$(x^2+2x+3)\times B=A-(4x-5)$$
$$=2x^4+7x^3+16x^2+17x+12.$$

このことから多項式 B は多項式 $2x^4+7x^3+16x^2+17x+12$ を x^2+2x+3 で割った商に等しいことがわかる．実際に割ってみると次のようになる．

```
           2   3   4
1  2  3 )  2   7  16  17  12
           2   4   6
              3  10  17
              3   6   9
                  4   8  12
                  4   8  12
                          0
```

よって，

$$B=\boxed{\ 2\ }x^2+\boxed{\ 3\ }x+\boxed{\ 4\ }$$

である．

冒頭で用いた，多項式の除法に関する基本事項を確認しておこう．

多項式の除法

一般に，多項式 A を 0 でない多項式 B で割った商を Q，余りを R とすると次の等式が成り立つ．

$$A=BQ+R.$$

$$R=0 \text{ または，}(R\text{ の次数})<(B\text{ の次数}).$$

このような多項式 Q，R はただ 1 組だけ存在する．

(2) (i) 多項式 A を x^2-6x+4 で実際に割ってみると次のようになる．

$$\begin{array}{rrr|rrrrr}
 & & & 1 & 2 & 3 & & \\ \hline
1 & -6 & 4 & 1 & -4 & -5 & 0 & 6 \\
 & & & 1 & -6 & 4 & & \\ \cline{4-6}
 & & & & 2 & -9 & 0 & \\
 & & & & 2 & -12 & 8 & \\ \cline{5-8}
 & & & & & 3 & -8 & 6 \\
 & & & & & 3 & -18 & 12 \\ \cline{6-8}
 & & & & & & 10 & -6
\end{array}$$

← x の 1 次の係数が 0 なので，「0」を入れておくことを忘れないように．

これより

商は $x^2+\boxed{\ 2\ }x+\boxed{\ 3\ }$，余りは $\boxed{10}x-\boxed{\ 6\ }$ である．

(ii) $x=3-\sqrt{5}$ のとき

$$x^2-6x=(x-3)^2-9=(-\sqrt{5})^2-9=5-9$$
$$=\boxed{-4}$$

である．よって

$$x^2-6x+4=0.$$

(i) の結果により，恒等式

$$A=(x^2-6x+4)(x^2+2x+3)+10x-6$$

が成り立つから，$x=3-\sqrt{5}$ のとき $x^2-6x+4=0$ であることを考慮すると A の値は

$$A=0+10\cdot(3-\sqrt{5})-6$$
$$=\boxed{24}-\boxed{10}\sqrt{\boxed{5}}$$

である．

⬅もちろん，多項式 A の x に $3-\sqrt{5}$ を直接代入して計算してもよい．

3

ア＝1，イウ＝−1，エ＝2，オ＝2，カ＝1，キ＝3，クケ＝−1，コ＝3，サシ＝−2，ス＝3.

(1)　$a(x+1)^3+b(x+1)^2+c(x+1)+d=x^3+2x^2+3x+4.$　$\cdots(*)$

「$(*)$の左辺」$=a(x^3+3x^2+3x+1)+b(x^2+2x+1)+c(x+1)+d$

$=ax^3+(3a+b)x^2+(3a+2b+c)x+a+b+c+d$

⬅x について降べきの順に整理する．

となるから，$(*)$の右辺と，同じ次数の項の係数を比較して

⬅係数比較法とよぶ．

$$\begin{cases} a=1, \\ 3a+b=2, \\ 3a+2b+c=3, \\ a+b+c+d=4. \end{cases}$$

これより

$$a=\boxed{1},\quad b=\boxed{-1},\quad c=\boxed{2},\quad d=\boxed{2}$$

を得る．

ここで用いた基本事項をまとめておこう．

一般に，多項式 $P(x)$，$Q(x)$ について，次のことが成り立つ．

多項式の恒等式

$P(x)=Q(x)$ が x についての恒等式である

$\Longleftrightarrow$ $P(x)$，$Q(x)$ の同じ次数の項の係数が一致する．

(2)

$$\frac{a}{x-1}+\frac{bx+c}{x^2+x+1}=\frac{1}{x^3-1}.\quad\cdots(**)$$

$(**)$の両辺に $(x-1)(x^2+x+1)$ つまり x^3-1 を掛けて分母を払って

⬅分母を払って多項式の恒等式に直す．

$$a(x^2+x+1)+(bx+c)(x-1)=1.$$

左辺を整理して

$$(a+b)x^2+(a-b+c)x+a-c=1.$$

これが x についての恒等式となるように定数 a, b, c の値を定めればよい．両辺の，同じ次数の項の係数を比較して

$$\begin{cases} a+b=0, \\ a-b+c=0, \\ a-c=1. \end{cases}$$

これより

$$a=\frac{\boxed{1}}{\boxed{3}},\quad b=\frac{\boxed{-1}}{\boxed{3}},\quad c=\frac{\boxed{-2}}{\boxed{3}}$$

を得る．

4

ア＝5，イ＝3，ウ＝4，エオ＝47，カキ＝50，ク＝2，ケ＝5，コ＝2，サ＝1，シ＝5.

(1) $$\frac{x+2y}{11}=\frac{3y+z}{13}=\frac{z+x}{9}=k\ (\neq 0)$$

とおくと，

$$\begin{cases} x+2y=11k, & \cdots ① \\ 3y+z=13k, & \cdots ② \\ z+x=9k. & \cdots ③ \end{cases}$$

②−③ より

$$-x+3y=4k. \quad \cdots ④$$

①＋④ より

$$5y=15k.$$

これより

$$y=3k.$$

これと ①，② より

$$x=5k,\quad z=4k.$$

よって，

$$x:y:z=5k:3k:4k$$

⬅(比例式)$=k$ とおくとよい．

⬅まず，x，y，z を k の式で表す．

$$= \boxed{5} : \boxed{3} : \boxed{4}.$$

すると

$$\frac{xy+yz+zx}{x^2+y^2+z^2} = \frac{15k^2+12k^2+20k^2}{25k^2+9k^2+16k^2} = \frac{15+12+20}{25+9+16}$$

$$= \frac{\boxed{47}}{\boxed{50}}.$$

(2)　(i)

$$p = x + \frac{9}{x+1}$$

とすると

$$p = (x+1) + \frac{9}{x+1} - 1$$

と変形できる．

ここに，$x>0$ なので $x+1>0$．よって相加平均と相乗平均の大小関係により

$$\frac{(x+1)+\dfrac{9}{x+1}}{2} \geqq \sqrt{(x+1)\times\frac{9}{x+1}} = 3.$$

これより

$$(x+1) + \frac{9}{x+1} \geqq 2 \cdot 3.$$

（等号成立は，$x+1 = \dfrac{9}{x+1}$ つまり $(x+1)^2 = 9$ のとき．$x+1>0$ なので $x=2$ のとき．）

よって

$$p \geqq 2 \cdot 3 - 1 = 5.$$

このことから　p は $x = \boxed{2}$ のとき最小値 $\boxed{5}$ をとることがわかる．

⬅ x，$\dfrac{9}{x+1}$ は定数ではない．そこで積が定数になるように工夫した．

(ii)

$$q = \frac{x+1}{x^2+x+9}$$

とすると

$$\frac{1}{q} = \frac{x^2+x+9}{x+1} = x + \frac{9}{x+1} = p$$

である．よって，

$$q = \frac{1}{p}.$$

(i) より　$p \geqq 5$（等号成立は $x=2$ のとき）であるから

$$0<\frac{1}{p}\leqq\frac{1}{5}$$ (等号成立は $x=2$ のとき).

よって, q は $x=\boxed{2}$ のとき最大値 $\dfrac{\boxed{1}}{\boxed{5}}$ をとる.

ここで用いた重要事項を確認しておこう.

相加平均と相乗平均

$a\geqq0$, $b\geqq0$ に対し,

$$\frac{a+b}{2}\geqq\sqrt{ab}.$$

(相加平均) (相乗平均)

等号が成り立つのは $a=b$ のときである.

5

アイ＝−2, ウ＝3, エ＝2, オ＝1, カ＝1, キ＝8, ク＝8, ケコ＝27, サ＝5, シ＝2, ス＝2, セ＝8.

(1) (i) 解と係数の関係により

$$\alpha+\beta=-\frac{4}{2}=\boxed{-2},\quad \alpha\beta=\frac{\boxed{3}}{\boxed{2}}$$

である. すると,

$$\alpha^2+\beta^2=(\alpha+\beta)^2-2\alpha\beta$$
$$=(-2)^2-2\cdot\frac{3}{2}=4-3=\boxed{1},$$
$$\alpha^3+\beta^3=(\alpha+\beta)^3-3\alpha\beta(\alpha+\beta)$$
$$=(-2)^3-3\cdot\frac{3}{2}\cdot(-2)=-8+9=\boxed{1}$$

である.

⬅ $(a+b)^3=a^3+3a^2b+3ab^2+b^3$ を変形すると等式 $a^3+b^3=(a+b)^3-3ab(a+b)$ を得る.

(ii) α^3, β^3 を 2 つの解とする 2 次方程式の 1 つは

$$(x-\alpha^3)(x-\beta^3)=0$$

と表せる. 展開して整理すると

$$x^2-(\alpha^3+\beta^3)x+(\alpha\beta)^3=0$$

となる．(i) の結果を用いると

$$x^2-1\cdot x+\left(\frac{3}{2}\right)^3=0$$

つまり

$$x^2-x+\frac{27}{8}=0$$

となる．よって，求める整数係数の2次方程式は

$$\boxed{8}\,x^2-\boxed{8}\,x+\boxed{27}=0$$

である．

(2)　解と係数の関係により

$$\alpha+\beta=\sqrt{2},\quad \alpha\beta=1,$$
$$\gamma+\delta=-\sqrt{2},\quad \gamma\delta=1$$

である．

(i)　$(2-\alpha)(2-\beta)=4-2(\alpha+\beta)+\alpha\beta$

$$=4-2\cdot\sqrt{2}+1$$
$$=\boxed{5}-\boxed{2}\sqrt{\boxed{2}}.$$

(ii)　$I=(\gamma-\alpha)(\gamma-\beta)(\delta-\alpha)(\delta-\beta)$　とする．

$$I=\{\gamma^2-(\alpha+\beta)\gamma+\alpha\beta\}\{\delta^2-(\alpha+\beta)\delta+\alpha\beta\}$$
$$=(\gamma^2-\sqrt{2}\gamma+1)(\delta^2-\sqrt{2}\delta+1)$$

となる．ここで，γ は2次方程式 $x^2+\sqrt{2}x+1=0$ の解なので

$$\gamma^2+\sqrt{2}\gamma+1=0$$

を満たす．同様にして，δ は

$$\delta^2+\sqrt{2}\delta+1=0$$

を満たす．よって，

$$I=\{(\gamma^2+\sqrt{2}\gamma+1)-2\sqrt{2}\gamma\}\{(\delta^2+\sqrt{2}\delta+1)-2\sqrt{2}\delta\}$$
$$=(-2\sqrt{2}\gamma)(-2\sqrt{2}\delta)=8\gamma\delta$$
$$=\boxed{8}$$

である．

ここで用いた基本事項を確認しておこう．

2次方程式の解と係数の関係

2次方程式 $ax^2+bx+c=0$ $(a\neq 0)$ の2つの解を α, β とすると

$$\alpha+\beta=-\frac{b}{a},\ \alpha\beta=\frac{c}{a}.$$

6

ア=7, イウエ=−35, オカ=12, キ=2, ク=4, ケ=1, コ=4, サ=4.

(1)
$$x^2-ax+a+5=0. \qquad \cdots(*)$$

2つの解の比が3：4となるための条件は，2解が

$$3t,\ 4t\ (t\neq 0)$$

と表せることである．これらが(*)の2解となるための条件は，解と係数の関係により，

$$\begin{cases} 3t+4t=a, & \cdots ① \\ 3t\times 4t=a+5 & \cdots ② \end{cases}$$

が成り立つことである．ここに，① より

$$t\neq 0 \iff a\neq 0$$

なので，①, ② を満たす a $(\neq 0)$ の値を求めればよい．① より，

$$t=\frac{a}{7}.$$

これを ② に代入して，

$$12\left(\frac{a}{7}\right)^2=a+5.$$

変形すると　$12a^2-49a-245=0$　つまり

$$(a-7)(12a+35)=0.$$

よって，

$$a=\boxed{7},\ \frac{\boxed{-35}}{\boxed{12}}.$$

(2) 与えられた3次方程式

$$4x^3-25x^2+(k+34)x-2k=0$$

を，まず k について整理すれば

$$4x^3-25x^2+34x+k(x-2)=0.$$

ここに，

$$4x^3-25x^2+34x=(4x^2-25x+34)x$$
$$=(4x-17)(x-2)x$$

なので，与えられた方程式は

$$x(4x-17)(x-2)+k(x-2)=0$$

すなわち

$$(4x^2-17x+k)(x-2)=0$$

と表せる．

(i)　よって，この方程式は，k の値によらず，$x=\boxed{2}$ を解にもつ．

(ii)　α，β は x の２次方程式

$$4x^2-17x+k=0$$

の２解となるから，解と係数の関係により

$$\begin{cases} \alpha+\beta=\dfrac{17}{4}, \\ \alpha\beta=\dfrac{k}{4}. \end{cases}$$

さて，題意により $\beta=\dfrac{1}{\alpha}$．よって $\alpha\beta=1$ となり $\dfrac{k}{4}=1$．

これより

$$k=\boxed{4}.$$

すると，２次方程式は $4x^2-17x+4=0$ となり，因数分解して，

$$(4x-1)(x-4)=0.$$

よって，$\alpha<\beta$ を考慮すると

$$\alpha=\frac{\boxed{1}}{\boxed{4}},\ \beta=\boxed{4}.$$

7

アイ＝−2，ウ＝2，エ＝3，オ＝2，カキ＝−8，クケ＝10，コサ＝−5，シス＝−1，セ＝0，ソ＝0，タチ＝−3.

〔1〕

(1) $(1+i)^3=1+3i+3i^2+i^3$

$=1+3i-3-i$

$=\boxed{-2}+\boxed{2}\,i.$

⬅ $(a+b)^3=a^3+3a^2b+3ab^2+b^3.$

⬅ $i^2=-1.$

(2) $\dfrac{1+5i}{a+bi}=1+i \iff 1+5i=(1+i)(a+bi)$

$\iff 1+5i=a+(a+b)i+bi^2$

$\iff 1+5i=a-b+(a+b)i.$

よって，

$$\begin{cases} a-b=1, \\ a+b=5 \end{cases}$$

となるような実数の定数 a，b の値を求めればよい．これを解いて，

$$a=\boxed{3},\ b=\boxed{2}.$$

⬅ a，b，c，d：実数のとき，
$a+bi=c+di$
$\Leftrightarrow \begin{cases} a=c, \\ b=d. \end{cases}$

(3) $1+i$ が，方程式

$$x^3+3x^2+ax+b=0 \quad \cdots(*)$$

の解であるから，

$$(1+i)^3+3(1+i)^2+a(1+i)+b=0$$

が成り立つ．展開して，

$$-2+2i+3(1+2i+i^2)+a(1+i)+b=0.$$

整理すると

$$a+b-2+(a+8)i=0.$$

よって，

$$\begin{cases} a+b-2=0, \\ a+8=0. \end{cases}$$

⬅ a，b：実数のとき，
$a+bi=0 \Leftrightarrow a=b=0.$

これより

$$a=\boxed{-8},\ b=\boxed{10}.$$

このとき，(*)は

$$x^3+3x^2-8x+10=0$$

となる．左辺を実数係数の範囲で因数分解すると，

$$(x+5)(x^2-2x+2)=0.$$

よって，求める実数解は $\boxed{-5}$ である．

この問題は，次の重要事項を利用した解法も考えられる．

> **係数が実数である高次方程式が虚数解 $a+bi$ をもつとき，それと共役な複素数 $a-bi$ もこの方程式の解である．**

実数係数の3次方程式(*)が虚数 $1+i$ を解にもつから，その共役複素数 $1-i$ も，この方程式の解である．もう1つの解を α とすると，x についての恒等式

$$x^3+3x^2+ax+b=\{x-(1+i)\}\{x-(1-i)\}(x-\alpha)$$

すなわち，

$$x^3+3x^2+ax+b=(x^2-2x+2)(x-\alpha)$$

が成り立つ．右辺を展開して整理すると

$$x^3+3x^2+ax+b=x^3-(\alpha+2)x^2+(2\alpha+2)x-2\alpha.$$

両辺の係数を比較して，

$$\begin{cases} 3=-(\alpha+2), \\ a=2\alpha+2, \\ b=-2\alpha. \end{cases}$$

これより

$$\alpha=-5,\ a=-8,\ b=10.$$

〔2〕　ω は，方程式 $x^3=1$ の解だから

$$\omega^3=1.$$

⬅ n：整数のとき $\omega^{3n}=1$ である．

変形して

$$(\omega-1)(\omega^2+\omega+1)=0.$$

$\omega\neq1$　なので，

$$\omega^2+\omega+1=0. \qquad \cdots(*)$$

(1)　$\omega^5+\omega^7=\omega^3\cdot\omega^2+(\omega^3)^2\cdot\omega=\omega^2+\omega$

$=\boxed{-1}.$

(2) $$\frac{\omega^2}{1+\omega}-\frac{\omega}{1+\omega^2}=\frac{\omega^2}{\omega^3+\omega}-\frac{\omega}{1+\omega^2}$$
$$=\frac{\omega}{\omega^2+1}-\frac{\omega}{1+\omega^2}$$
$$=\boxed{0}.$$

(3) (*)より，

$$1+\omega=-\omega^2.$$

$$\begin{aligned}与式&=(-\omega^2)^5+(-\omega^2)^{15}+(-\omega^2)^{25}\\&=-\omega^{10}-\omega^{30}-\omega^{50}\\&=-(\omega^3)^3\omega-(\omega^3)^{10}-(\omega^3)^{16}\omega^2\\&=-\omega-1-\omega^2\\&=-(\omega^2+\omega+1)\\&=\boxed{0}.\end{aligned}$$

(4) (*)より，

$$1+\omega=-\omega^2,\ 1+\omega^2=-\omega,\ \omega+\omega^2=-1$$

なので，

$$\begin{aligned}与式&=(-\omega^2)^{2025}+(-\omega)^{2025}+(-1)^{2025}\\&=-\omega^{4050}-\omega^{2025}-1\\&=-\{(\omega^3)^{1350}+(\omega^3)^{675}+1\}\\&=-(1+1+1)\\&=\boxed{-3}\end{aligned}$$

である．

⬅$4050=3\times1350$,
$2025=3\times675$.

第２章　図形と方程式

8

ア=4, イ=8, ウエ=−2, オカ=−1, キ=2, ク=1, ケ=3, コ=1, サ=2, シス=−2.

(1)

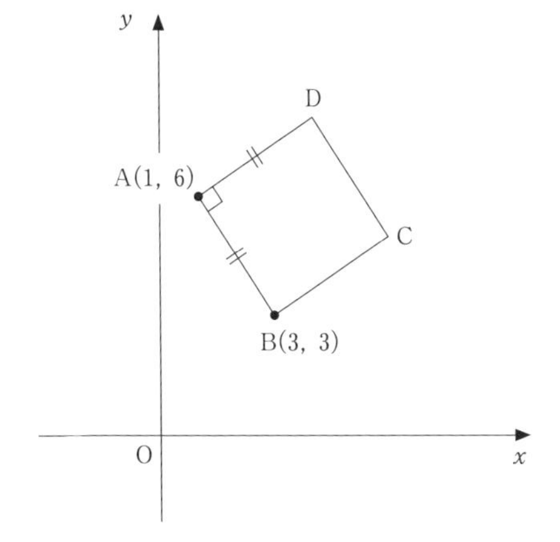

直線 AB の傾きは,

$$\frac{3-6}{3-1}=-\frac{3}{2}.$$

よって, AB に垂直な直線の傾きは,

$$-\frac{1}{-\frac{3}{2}}=\frac{2}{3}.$$

⬅傾き $m(\neq 0)$ の直線に垂直な直線の傾きは, $-\frac{1}{m}$.

D$(x,\ y)$ (x と y は正数) とおくと,

$$AD\perp AB,\ AD=AB$$

より,

$$\begin{cases} \dfrac{y-6}{x-1}=\dfrac{2}{3}, & \cdots ① \\ (x-1)^2+(y-6)^2=13. & \cdots ② \end{cases}$$

⬅AD の傾き.

⬅$AD^2=AB^2$.

① より,

$$y-6=\frac{2}{3}(x-1). \quad \cdots ①'$$

②に代入すると,

$$\frac{13}{9}(x-1)^2=13$$

となり, これより

$$x-1=\pm3$$

つまり

$$x=4,\ -2.$$

ここで $x>0$ なので, $x=4$.

①′ より $y=8$.

よってDの座標は

$$(\boxed{4},\ \boxed{8})$$

である.

〔別解〕 図を描くと

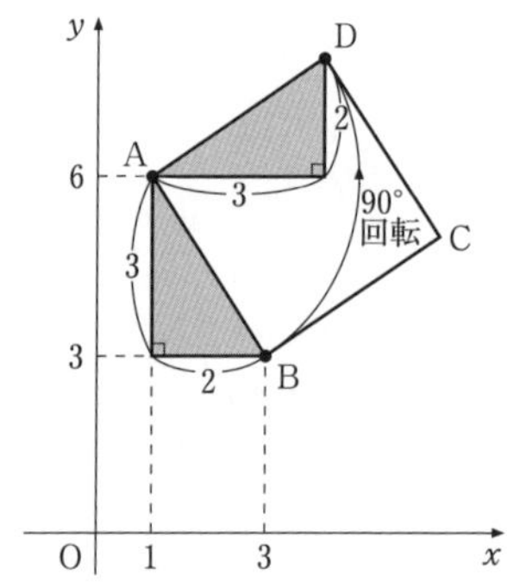

網目部分の2つの直角三角形は合同なので,

$$D(1+3,\ 6+2)=(4,\ 8).$$

(別解終り)

(2)

$$l_1:3x-2y=-4, \quad \cdots③$$

$$l_2:2x+y=-5, \quad \cdots④$$

$$l_3:x+ky=k+2. \quad \cdots⑤$$

(i) l_1 と l_2 の交点Aの座標は, ③+④×2 より,

$$7x=-14$$

となり $x=-2$.

すると $y=-1$.

よって,

$$A(\boxed{-2},\ \boxed{-1}).$$

(ii)　⑤ を k について整理し,

$$l_3 : x-2+k(y-1)=0.$$

これが k の値によらず通る定点 B は,

$$x-2=0 \text{ かつ } y-1=0$$

より, $x=2$, $y=1$ となり,

$$\mathrm{B}\left(\boxed{2},\ \boxed{1}\right).$$

←「k の値によらず」は, k について整理して考えよう.

(iii)

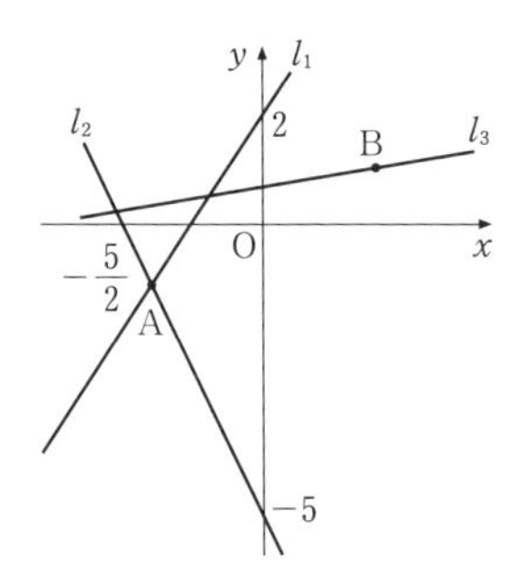

l_1, l_2, l_3 が三角形を作らないのは, 次の (ア)〜(ウ) の場合がある.

(ア)　$l_1 /\!/ l_3$,　　(イ)　$l_2 /\!/ l_3$,　　(ウ)　l_3 が点 A を通る.

$k=0$ とすると l_3 の方程式は $x=2$ となり, いずれの場合も適さないので, 以下では $k \neq 0$ の下で考える.

(ア) のとき, l_1 と l_3 の傾きが等しいことから,

$$\frac{3}{2}=-\frac{1}{k}.$$

←$l_1 : y=\frac{3}{2}x+2$.
$l_3 : y=-\frac{1}{k}x+\frac{k+2}{k}$.

これより　　$k=-\frac{2}{3}$.

(イ) のとき, l_2 と l_3 の傾きが等しいことから,

←$l_2 : y=-2x-5$.

$$-2=-\frac{1}{k}.$$

これより　　$k=\frac{1}{2}$.

(ウ) のとき, ⑤ に $(x,\ y)=(-2,\ -1)$ を代入し,

$$-2-k=k+2.$$

これより　　$k=-2$.

以上より, k の値は全部で $\boxed{3}$ 個あり, このうちで

最大のものは，$k=\dfrac{\boxed{1}}{\boxed{2}}$，

最小のものは，$k=\boxed{-2}$.

9

ア=3，イ=3，ウ=2，エ=2，オ=9，カ=3，キ=6，ク=3，ケ=3，コ=2，サ=1.

まず，重心の座標に関する基本事項を確認しておこう.

重心の座標

$A(x_1,\ y_1)$，$B(x_2,\ y_2)$，$C(x_3,\ y_3)$ とするとき，三角形 ABC の重心 G の座標は

$$\left(\frac{x_1+x_2+x_3}{3},\ \frac{y_1+y_2+y_3}{3}\right).$$

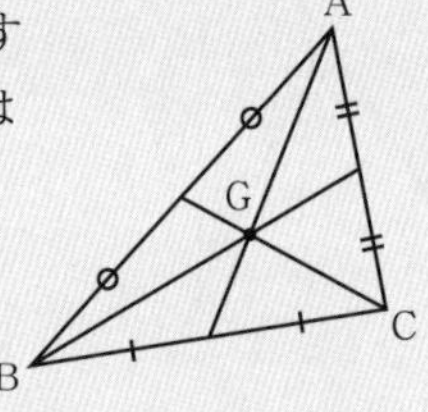

(1) $G_1(x_1,\ y_1)$，$G_2(x_2,\ y_2)$ とすると，

$$x_1=\frac{6+3+0}{3}=3,\quad y_1=\frac{0+6+3}{3}=3,$$

$$x_2=\frac{6+3+(-3)}{3}=2,\quad y_2=\frac{0+6+0}{3}=2.$$

よって，$G_1(\boxed{3},\ \boxed{3})$，$G_2(\boxed{2},\ \boxed{2})$.

(2) $P(x,\ y)$，$G(X,\ Y)$ とおく.

P は定円 C 上にあるので，x，y は

$$x^2+y^2=9 \qquad \cdots(*)$$

を満たす.

次に，G は三角形 ABP の重心なので

$$X=\frac{6+3+x}{3}=\frac{x+\boxed{9}}{\boxed{3}},\quad Y=\frac{0+6+y}{3}=\frac{y+\boxed{6}}{\boxed{3}}$$

が成り立つ. これより

$$x=3X-9,\ y=3Y-6 \qquad \cdots①$$

を得るので，(*)より X，Y は

⬅ x，y を消去して X，Y の関係式を導く.

$$(3X-9)^2+(3Y-6)^2=9$$

つまり

$$\left(X-\boxed{3}\right)^2+\left(Y-\boxed{2}\right)^2=\boxed{1} \quad \cdots ②$$

を満たす．

（逆に，② を満たす点 $G(X,\ Y)$ に対して，① を満たすように x，y を定めると，x，y は(*)を満たすので，点 $P(x,\ y)$ は円 C 上にあり，また G は三角形 ABP の重心になっている．）

⬅マークセンス方式では，この部分は無視してもよい．

以上から，求める重心 G の軌跡は方程式

$$(x-3)^2+(y-2)^2=1$$

で表される円であることがわかる．

10

ア=2，イ=0，ウ=1，エ=3，オ=1，カ=3，キ=4，クケ=−6，コ=8.

(1)

$$C：x^2+y^2-4x+3=0.$$

これは，

$$(x-2)^2+y^2=1$$

と変形できるので，円 C の中心を A とするとその座標は $\left(\boxed{2},\ \boxed{0}\right)$ で，半径は $\boxed{1}$ である．

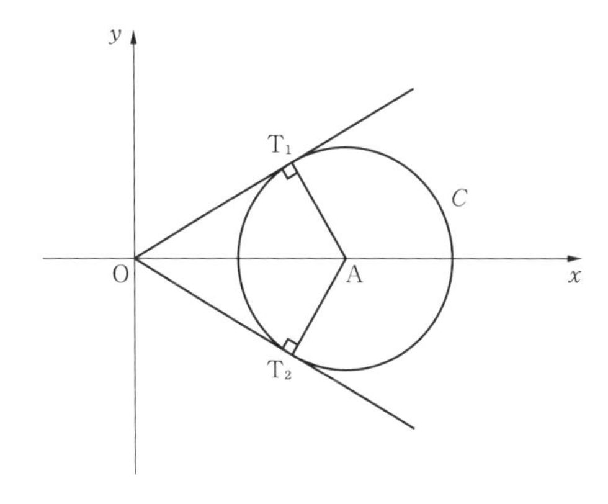

さて，$\angle OT_1A=\angle OT_2A=90^\circ$ で，$AT_1=AT_2=1$，$OA=2$

であるから，三平方の定理により

$$\mathrm{OT_1}=\mathrm{OT_2}=\sqrt{\mathrm{OA}^2-\mathrm{AT_1}^2}=\sqrt{2^2-1^2}$$
$$=\sqrt{\boxed{3}}.$$

したがって，$\angle\mathrm{AOT_1}=\angle\mathrm{AOT_2}=30^\circ$ となるので，2 本の接線の方程式は

$$y=\frac{\boxed{1}}{\sqrt{\boxed{3}}}x \quad と \quad y=-\frac{\boxed{1}}{\sqrt{\boxed{3}}}x$$

である．

⬅$\tan 30^\circ=\dfrac{1}{\sqrt{3}}$.

なお，接線の方程式については次のようにして求めるのもよい．

明らかに y 軸に平行でなく，また原点を通るので，適当な実数 m を用いて

$$y=mx$$

とおくことができる．

これが円 C に接するための条件は

「円 C の中心から直線 $y=mx$ までの距離」=「円 C の半径」

⬅重要．

となることだから，

$$\frac{|m\cdot 2-0|}{\sqrt{m^2+(-1)^2}}=1.$$

⬅点と直線の距離公式．

これより

$$|2m|=\sqrt{m^2+1}.$$

これは，

$$(2m)^2=m^2+1$$

と同値．

これより $$m^2=\frac{1}{3}$$

となり $$m=\pm\frac{1}{\sqrt{3}}.$$

(2) 円 K の方程式は

$$(x-2)^2+(y-3)^2=13-b$$

と表せる．よって，これが円を表すためには

$$b<13 \qquad \cdots (*)$$

であることが必要．この下で，円 K の中心を B とすると

$$\mathrm{B}(2,\ 3).$$

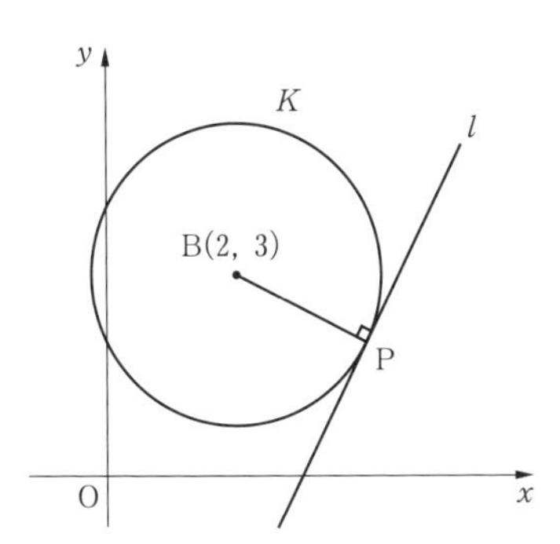

いま，求める接点を P(p, 2)（ただし，$p \neq 2$）とする．**BP⊥l** で，直線 l の傾きは 2 であるので，直線 BP の傾きは $-\dfrac{1}{2}$．

←重要．
BP⊥l．

これより

$$\frac{2-3}{p-2}=-\frac{1}{2}$$

となり

$$p=4.$$

よって，接点の座標は P(4, 2)．

ここで，直線 l は点 P を通るので

$$2\cdot 4-2+a=0$$

が成り立ち，これより

$$a=-6.$$

また，円 K が点 P を通ることから

$$(4-2)^2+(2-3)^2=13-b$$

が成り立ち，これより

$$b=8.$$

逆に，$a=-6$，$b=8$ ならば，(*)を満たし，円 K の方程式は

$$(x-2)^2+(y-3)^2=5$$

で，直線 l の方程式は

$$2x-y-6=0$$

となり，これらは点 (4, 2) において確かに接している．

以上から求める接点の座標は $\left(\boxed{4}, 2\right)$ で，また，$a=\boxed{-6}$，$b=\boxed{8}$ である．

11

アイ＝−4，ウ＝3，エ＝5，オ＝4，カ＝3，キク＝25，ケ＝6，コサシ＝120，スセ＝25，ソ＝3.

(1)
$$C_1 : x^2+y^2+8x-6y=0.$$

変形して，
$$(x+4)^2+(y-3)^2=25.$$

よって，円 C_1 の中心 M の座標は $\left(\boxed{-4},\ \boxed{3}\right)$ で，半径は $\boxed{5}$ である．

(2)

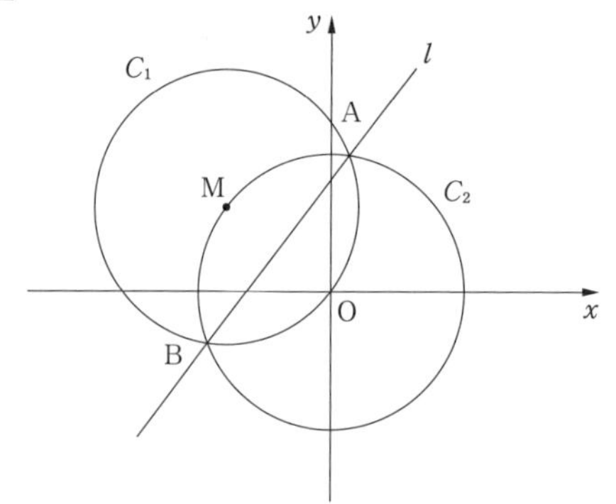

⬅円 C_1 は原点を通ることに注意しよう．

$l : y=px+q$ とする．

l に関して C_1 と C_2 は互いに対称の位置にあるので，2つの円の中心は l に関して対称の位置にある．よって l は線分 OM の垂直二等分線に一致する．

⬅2円の中心の関係に着目する．

OM の傾きは $-\dfrac{3}{4}$ だから，l の傾きは $\dfrac{4}{3}$ となり，線分 OM の中点の座標は $\left(-2,\ \dfrac{3}{2}\right)$ なので，l の方程式は
$$y=\frac{4}{3}(x+2)+\frac{3}{2}.$$

整理して，
$$y=\frac{4}{3}x+\frac{25}{6}.$$

よって，

$$p=\frac{\boxed{4}}{\boxed{3}},\quad q=\frac{\boxed{25}}{\boxed{6}}.$$

〔別解〕

あるいは次のように求めてもよい.

$$C_1 : x^2+y^2+8x-6y=0. \qquad \cdots ①$$

円 C_2 は直線 l に関して C_1 と対称なので，その半径は C_1 の半径5に等しい．よって円 C_2 の方程式は次のようになる.

$$C_2 : x^2+y^2-25=0. \qquad \cdots ②$$

いま，C_1 と C_2 の交点をA，Bとするとき，この2つの交点A，Bを通るような直線が求めるものである.

$\mathrm{A}(a_1,\ a_2)$，$\mathrm{B}(b_1,\ b_2)$ とする.

点Aは2つの円 C_1，C_2 上にあるので，a_1，a_2 は

$$a_1^2+a_2^2+8a_1-6a_2=0, \qquad \cdots ①'$$

$$a_1^2+a_2^2-25=0 \qquad \cdots ②'$$

を満たす．したがって，a_1，a_2 は，①′－②′ を作って得られる

$$8a_1-6a_2+25=0 \qquad \cdots ③'$$

を満たす．b_1，b_2 についても同様にして

$$8b_1-6b_2+25=0 \qquad \cdots ③''$$

を満たすことがわかる.

さて，③′ は点 $\mathrm{A}(a_1,\ a_2)$ が直線 $8x-6y+25=0$ の上にあることを示し，③″ は点 $\mathrm{B}(b_1,\ b_2)$ が直線 $8x-6y+25=0$ の上にあることを示している．ここに，AとBは異なる2点だから，A，Bを通る直線はただ1つ存在する．よって，A，Bを通る直線の方程式は，

$$8x-6y+25=0.$$

（別解終り）

〔注〕　これは，①－② **として得られる式に一致**している.

⇐重要.

一般に，次のことが成り立つ.

発展

2つの円

$$C : x^2+y^2+ax+by+c=0,$$

$$C' : x^2+y^2+a'x+b'y+c'=0$$

が異なる2点で交わるとき，k を実数の定数として，方程式

$$x^2+y^2+ax+by+c+k(x^2+y^2+a'x+b'y+c')=0$$

で表される図形は，

$k=-1$ のとき，C と C' の2交点を通る直線，

$k\neq-1$ のとき，C と C' の2交点を通る円

となる．

(3)

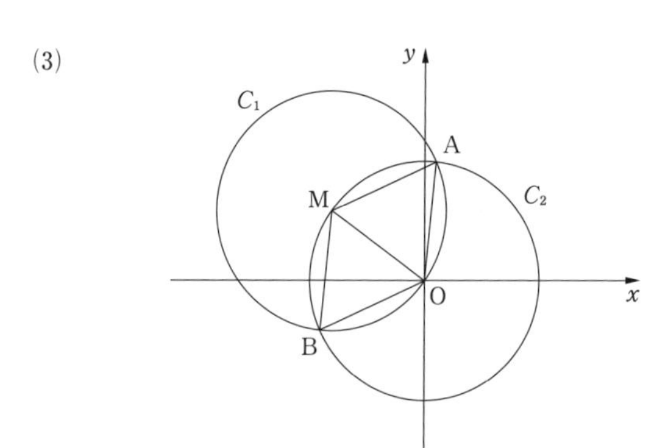

OM$=5$ だから，2つの円 C_1，C_2 は互いに他の円の中心を通る．

2つの三角形 AMO と BMO がいずれも正三角形となることからわかるように，

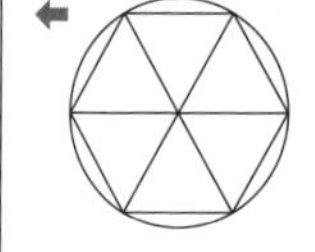

$$\angle \mathrm{AMB}=\boxed{120}°.$$

したがって，

「∠AMB を中心角とする扇形 AMB の面積」

$$=「円 C_1 の面積」\times\frac{120°}{360°}$$

$$=\pi\times5^2\times\frac{1}{3}$$

$$=\frac{\boxed{25}}{\boxed{3}}\pi.$$

12

アイ＝−1，ウ＝1，エ＝2，オ＝0，カ＝3，キ＝4，ク＝7，ケ＝0，コ＝4，
サシス＝−65，セソ＝16．

(1)　3つの直線 l_1，l_2，l_3 を

$$l_1 : x+3y-2=0,$$
$$l_2 : 4x-y-8=0,$$
$$l_3 : 3x-4y+7=0$$

と定めると，領域 D は3つの直線 l_1，l_2，l_3 で囲まれた部分である．（次図の斜線部分．ただし，境界も含む．）

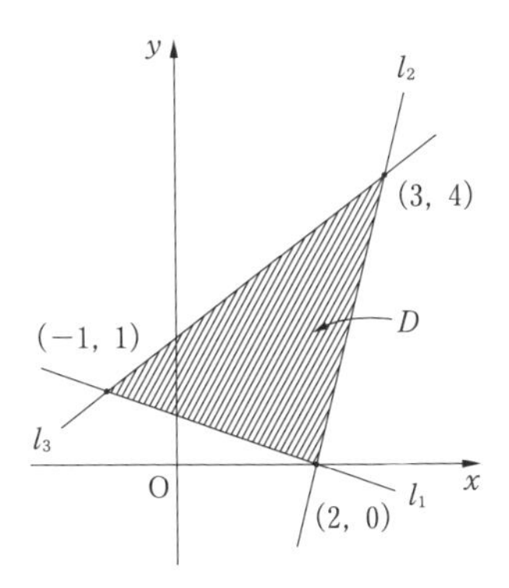

よって領域 D は，3つの点

$(\boxed{-1}, \boxed{1})$，$(\boxed{2}, \boxed{0})$，$(\boxed{3}, \boxed{4})$

を頂点とする三角形の周および内部である．

(2)　$x+y=k$ とおく．これを**直線の方程式とみて，この直線が領域 D と共有点をもつような k のとり得る値の範囲を求める**．

⇐ポイント．

直線 $x+y=k$ の y 軸切片（もしくは x 軸切片）が k であることに注意すると，k の値が最大になるのは点 $(3,\ 4)$ を通るときで，最小となるのは点 $(-1,\ 1)$ を通るときであることがわかる．

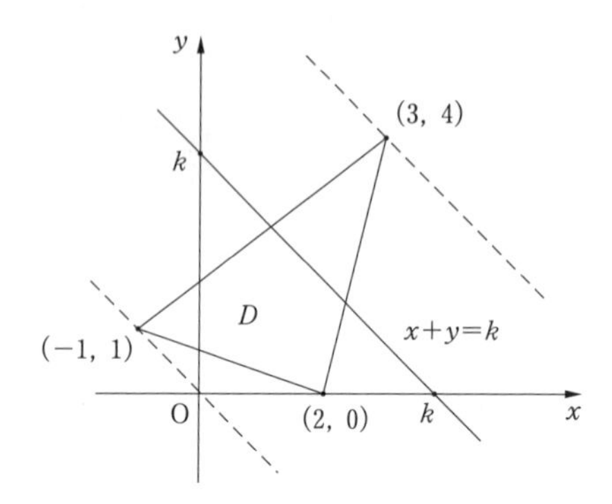

よって求める最大値は，$3+4=\boxed{7}$ で，
最小値は $-1+1=\boxed{0}$ である．

(3) $x^2-2y=k$ とおく．
変形すると
$$y=\frac{1}{2}x^2-\frac{k}{2}.$$
さらに，$-\frac{k}{2}=m$ とおくと，上式は
$$y=\frac{1}{2}x^2+m. \qquad \cdots(*)$$
これを放物線の方程式とみると，この放物線は y 軸を対称軸にもち，下に凸である．

⬅このような見方が大切．

まず，放物線(*)が領域 D と共有点をもつような m の値の範囲を求めよう．

ここに m は放物線と y 軸との交点の座標を表していることに着目する．

いま，放物線(*)が点 $(3,\ 4)$ を通るような m の値を求めると，
$$4=\frac{1}{2}\cdot 3^2+m$$
から
$$m=-\frac{1}{2}.$$
また，放物線(*)が点 $(2,\ 0)$ を通るような m の値を求めると，
$$0=\frac{1}{2}\cdot 2^2+m$$
より，
$$m=-2.$$

よって，m の最小値は -2.

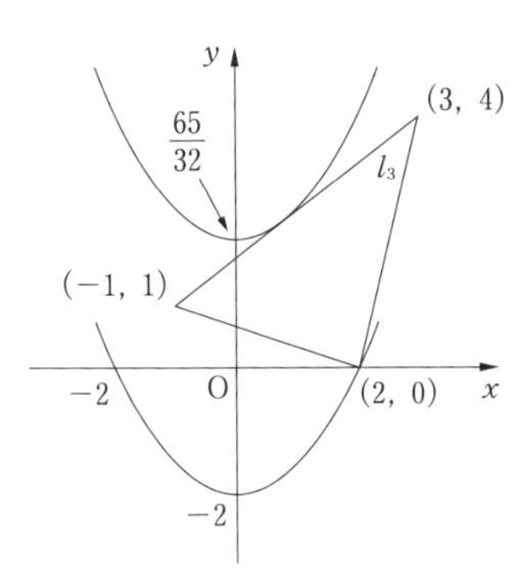

次に，放物線(*)が直線 l_3：$3x-4y+7=0$，すなわち $y=\frac{3}{4}x+\frac{7}{4}$ に接するときの m の値を求めよう.

それには，x の2次方程式

$$\frac{1}{2}x^2+m=\frac{3}{4}x+\frac{7}{4}$$

すなわち，

$$2x^2-3x+4m-7=0 \qquad \cdots(**)$$

が重解をもつ条件を考えればよい.「判別式」$=0$ より

⬅「放物線と直線が接する」⇒「重解」.

$$(-3)^2-4\cdot 2\cdot(4m-7)=0$$

つまり

$$9-32m+56=0.$$

これより　$m=\frac{65}{32}$.

このとき，2次方程式(**)は重解 $x=\frac{3}{4}$ をもつ．このことは，放物線(*)と直線 l_3 とが l_3 上の x 座標が $\frac{3}{4}$ であるような点において接することを意味するが，この点は確かに領域 D の点になっている.

よって，m の最大値は $\frac{65}{32}$.

以上から，m のとり得る値の範囲は

$$-2 \leqq m \leqq \frac{65}{32}.$$

ここに，$m=-\frac{k}{2}$ であったから，

$$-2 \leqq -\frac{k}{2} \leqq \frac{65}{32}.$$

これより
$$-\frac{65}{16} \leqq k \leqq 4.$$

したがって，k つまり x^2-2y のとる値の最大値は $\boxed{4}$ で，

最小値は $\dfrac{\boxed{-65}}{\boxed{16}}$ である．

13

ア＝0，イ＝5，ウ＝4，エオ＝−3，カ＝2，キク＝20，ケ＝5，コ＝2，サ＝5，シ＝3，ス＝2，セソ＝20.

(1)
$$C : x^2+y^2-2ax-ay+5a-25=0. \qquad \cdots (*)$$

C の方程式を a について整理すると

$$x^2+y^2-25-a(2x+y-5)=0.$$

いま，x，y の連立方程式

$$\begin{cases} x^2+y^2-25=0, & \cdots ① \\ 2x+y-5=0 & \cdots ② \end{cases}$$

を考える．② より

$$y=-2x+5. \qquad \cdots ②'$$

これを ① に代入して

$$x^2+(-2x+5)^2-25=0.$$

整理すると

$$5x^2-20x=0$$

つまり

$$5x(x-4)=0.$$

よって，$x=0$，4.

$x=0$ とすると，②′ より $y=5$.

$x=4$ とすると，②′ より $y=-3$.

いま，

$$(x,\ y)=(0,\ 5)\quad \text{または}\quad (4,\ -3)$$

とすると，① と ② がともに成り立つので，(*) は a の値によらず成立する．これは，C が a の値によらず 2 つの定点

$$\mathrm{A}\left(\boxed{0},\ \boxed{5}\right),\ \mathrm{B}\left(\boxed{4},\ \boxed{-3}\right)$$

を通ることを示している．

(2)　C の半径を r とし，面積を S とすると

$$S=\pi r^2.$$

ここで，(*) を変形すると，

$$(x-a)^2+\left(y-\frac{1}{2}a\right)^2=\frac{5}{4}a^2-5a+25. \qquad \cdots(**)$$

よって，

$$r^2=\frac{5}{4}a^2-5a+25$$

$$=\frac{5}{4}(a-2)^2+20.$$

これより

$r^2\geqq 20$.（等号成立は $a=2$ のとき）

したがって

$S\geqq 20\pi$.（等号成立は $a=2$ のとき）

よって，S の最小値は $\boxed{20}\,\pi$ である．$\left(a=\boxed{2}\ \text{のとき}\right)$

⬅線分 AB を直径とする円の面積になっている．

(3)　(*) で $y=0$ とすると，x の 2 次方程式

$$x^2-2ax+5a-25=0 \qquad \cdots(***)$$

を得る．この方程式の判別式を D とすると

$$D/4=(-a)^2-(5a-25)$$

$$=a^2-5a+25$$

$$=\left(a-\frac{5}{2}\right)^2+\frac{75}{4}$$

より，a の値にかかわらず $D>0$ となり，(***) はつねに相異なる 2 つの実数解をもつ．この 2 解を α，β ($\alpha<\beta$) とすると，α，β は C と x 軸との交点の x 座標になっている．

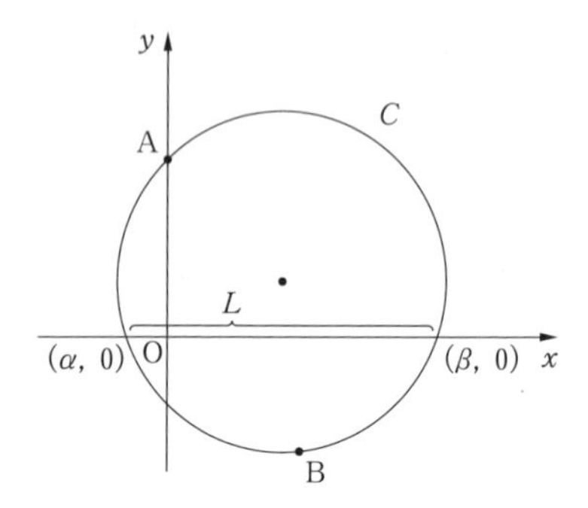

ここで(***)を解くと

$$x=a\pm\sqrt{a^2-5a+25}$$

なので，

$$\alpha=a-\sqrt{a^2-5a+25},\ \ \beta=a+\sqrt{a^2-5a+25}.$$

いま，2交点間の距離を L とすると

$$L=\beta-\alpha=2\sqrt{a^2-5a+25}$$
$$=2\sqrt{\left(a-\frac{5}{2}\right)^2+\frac{75}{4}}\geqq 2\sqrt{\frac{75}{4}}=5\sqrt{3}.$$

これより

$$L\geqq 5\sqrt{3}.\ (\text{等号成立は } a=\frac{5}{2} \text{ のとき})$$

よって，L が最小となるのは $a=\dfrac{\boxed{5}}{\boxed{2}}$ のときで，L の最小値は $\boxed{5}\sqrt{\boxed{3}}$ である．

(4) (**)において，$a=p$，$a=q$ とすればそれぞれ C_1，C_2 の方程式が得られる．

$$C_1:(x-p)^2+\left(y-\frac{1}{2}p\right)^2=\frac{5}{4}p^2-5p+25,$$

$$C_2:(x-q)^2+\left(y-\frac{1}{2}q\right)^2=\frac{5}{4}q^2-5q+25.$$

点 A(0, 5) における C_1，C_2 の接線をそれぞれ l_1，l_2 とすると，

$$l_1:(0-p)(x-p)+\left(5-\frac{1}{2}p\right)\left(y-\frac{1}{2}p\right)=\frac{5}{4}p^2-5p+25,$$

$$l_2:(0-q)(x-q)+\left(5-\frac{1}{2}q\right)\left(y-\frac{1}{2}q\right)=\frac{5}{4}q^2-5q+25$$

となる．よって，

$$l_1 \perp l_2 \iff (0-p)(0-q)+\left(5-\frac{1}{2}p\right)\left(5-\frac{1}{2}q\right)=0$$
$$\iff 4pq+(10-p)(10-q)=0$$
$$\iff 5pq-10(p+q)+100=0$$
$$\iff pq-\boxed{2}(p+q)+\boxed{20}=0.$$

ここで用いた重要事項を示しておく．

円の接線の方程式

円 $x^2+y^2=r^2$ の周上の点 $(x_0,\ y_0)$ における接線の方程式は
$$x_0x+y_0y=r^2.$$
円 $(x-a)^2+(y-b)^2=r^2$ の周上の点 $(x_0,\ y_0)$ における接線の方程式は
$$(x_0-a)(x-a)+(y_0-b)(y-b)=r^2.$$

2直線の垂直条件

2直線
$$l : ax+by+c=0,$$
$$l' : a'x+b'y+c'=0$$
について，
$$l \perp l' \iff aa'+bb'=0.$$

14

アイ＝10，ウエ＝−5，オカ＝−3，キ＝4，ク＝3，ケコ＝−4，サ＝0，シス＝−5，セ＝4，ソ＝3，タチ＝−3，ツ＝4．

(1)　連立方程式
$$\begin{cases} 2x-y-25=0, \\ 3x-4y-50=0 \end{cases}$$
を解くと，
$$x=10,\ y=-5.$$

よって，

$$A(\boxed{10},\ \boxed{-5}).$$

(2) P$(p,\ q)$ とおくと，P は C 上にあるので

$$p^2+q^2-25=0 \qquad \cdots ①$$

が成り立つ．また，P における C の接線の方程式は

$$px+qy-25=0. \qquad \cdots (*)$$

これが

$$m : 3x-4y-50=0$$

と平行になるので，

$$(-4)\times p-3\times q=0$$

すなわち

$$q=-\frac{4}{3}p \qquad \cdots ②$$

が成り立つ．② を ① に代入して

$$p^2+\left(-\frac{4}{3}p\right)^2-25=0.$$

整理して

$$\frac{25}{9}p^2-25=0.$$

これより

$$p^2=9.$$

よって，

$$p=\pm 3.$$

すると，② から

$$q=\mp 4.\ (\text{複号同順})$$

したがって P の座標は

$$\left(\boxed{-3},\ \boxed{4}\right) \text{ または } \left(\boxed{3},\ \boxed{-4}\right).$$

(3) 直線$(*)$が A$(10,\ -5)$ を通るから

$$10p-5q-25=0 \iff 2p-q-5=0$$

が成り立つ．

これより，

$$q=2p-5.$$

これを ① に代入して

$$p^2+(2p-5)^2-25=0.$$

整理して，

$$5p^2-20p=0 \quad \text{つまり} \quad 5p(p-4)=0.$$

よって，

$$p=0,\ 4.$$

$p=0$ とすると，$q=-5$,

$p=4$ とすると，$q=3$.

よって求めるＰの座標は

$$\left(\boxed{0},\ \boxed{-5}\right) \text{ または } \left(\boxed{4},\ \boxed{3}\right).$$

(4)　C 上の点 $\mathrm{P}(a,\ b)$ に対し，

$$ax+by-25 \leqq 0$$

で表される領域は，xy 平面を，直線 $ax+by-25=0$ を境界とする２つの部分に分けたもののうち，原点を含む方である．(境界を含む)（次図の網目部分）

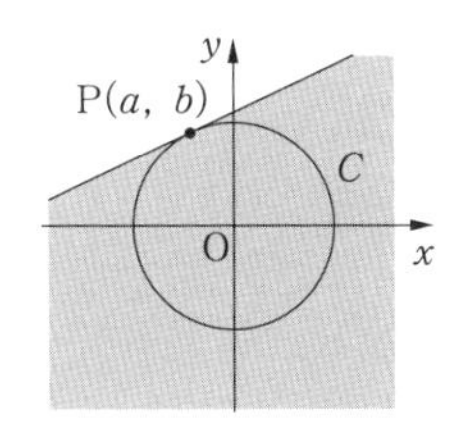

また，

$$\begin{cases} 2x-y-25 \geqq 0, \\ 3x-4y-50 \leqq 0 \end{cases}$$

を満たす領域は次図の網目部分である．

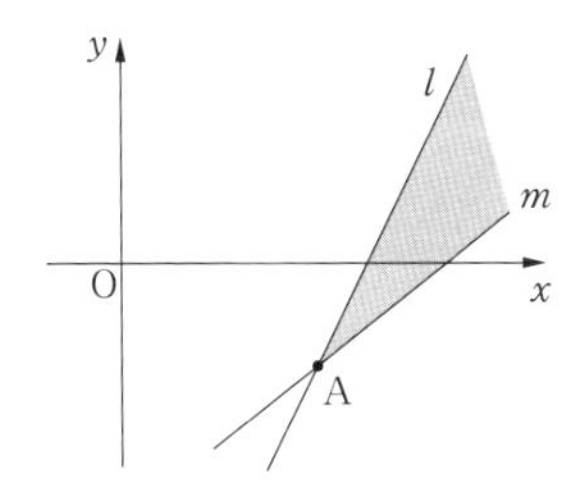

(2)，(3) の結果を考慮すると，求める条件は

$$\boxed{-3} < a < \boxed{4},\ b>0.$$

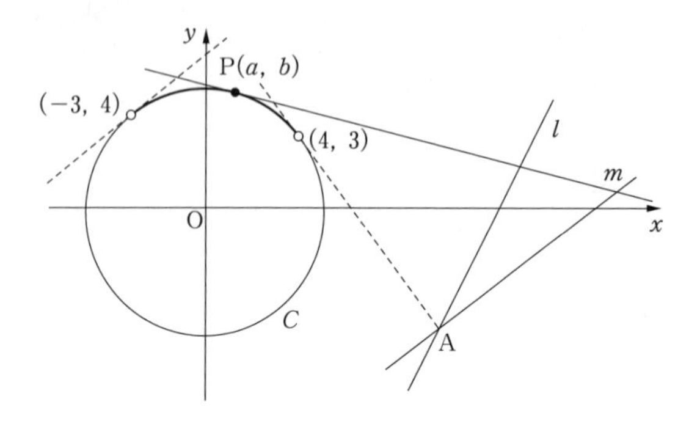
y
P(a, b)
(−3, 4)
(4, 3)
l
m
O
x
C
A

第3章　三角関数

15

ア$=1$，イ$=3$，ウ$=1$，エ$=2$，オ$=4$，カ$=3$，キ$=3$，ク$=2$，ケコ$=-2$，サ$=2$，シ$=3$.

(1)　$2\theta-\dfrac{\pi}{3}=t$ とおくと，$0\leqq\theta<2\pi$ なので，t のとり得る値の範囲は

$$-\frac{\pi}{3}\leqq t<\frac{11}{3}\pi.$$

この範囲で，t の方程式 $2\sin t=\sqrt{3}$，つまり $\sin t=\dfrac{\sqrt{3}}{2}$ を解くと，

$$t=\frac{\pi}{3},\ \frac{2}{3}\pi,\ \frac{7}{3}\pi,\ \frac{8}{3}\pi.$$

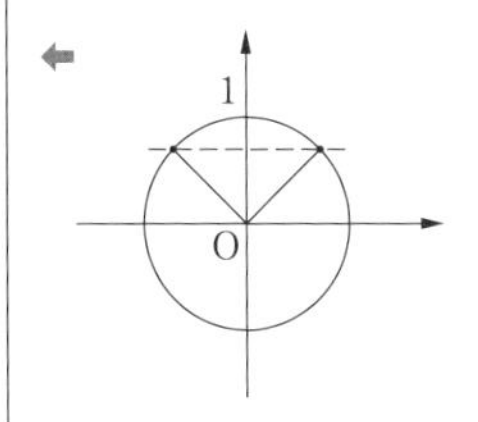

したがって，

$$2\theta-\frac{\pi}{3}=\frac{\pi}{3},\ \frac{2}{3}\pi,\ \frac{7}{3}\pi,\ \frac{8}{3}\pi.$$

よって，

$$\theta=\frac{\boxed{1}}{\boxed{3}}\pi,\ \frac{\boxed{1}}{\boxed{2}}\pi,\ \frac{\boxed{4}}{\boxed{3}}\pi,\ \frac{\boxed{3}}{\boxed{2}}\pi.$$

(2)
$$\begin{aligned}
&a\cos^2 x-2a\sin x+2-a=0\\
\Longleftrightarrow\ &a(1-\sin^2 x)-2a\sin x+2-a=0\\
\Longleftrightarrow\ &a\sin^2 x+2a\sin x-2=0.
\end{aligned}$$

← $\sin x$，$\cos x$ のいずれかの式に統一する.

ここに，$a\neq0$.（$\because$　$a=0$ とすると，$-2=0$ という不合理が生ずる.）いま，$\sin x=t$ とおくと，$-1\leqq t\leqq1$ で，

$$at^2+2at-2=0. \qquad \cdots(*)$$

← 置き換えて，見通しをよくする.

t の2次方程式$(*)$が $-1\leqq t\leqq1$ の範囲に少なくとも1つの実数解をもつための a の条件を求めればよい.

← このような，2次方程式の「解の分離」の問題では，グラフの活用を心掛けよう.

ここで，

$$f(t)=at^2+2at-2$$

とおくと，放物線 $y=f(t)$ が t 軸と $-1\leqq t\leqq1$ の範囲に少なくとも1つの共有点をもつような a の値の範囲を求めることに帰着できる.

$f(t)=a(t+1)^2-a-2$ と変形できるので，放物線 $y=f(t)$ の対称軸の方程式は $t=-1$．また，$f(0)=-2$．

$a>0$ の場合と，$a<0$ の場合に分けて考察する．

i）$a>0$ の場合．

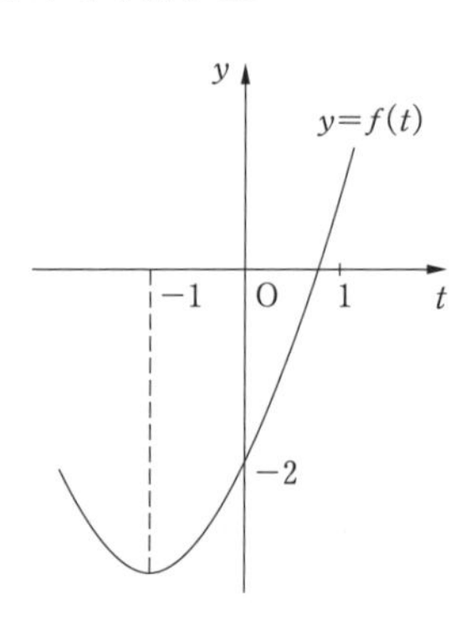

$y=f(t)$ は下に凸の放物線．

求める条件は，

$$f(1)\geqq 0.$$

これより，

$$3a-2\geqq 0.$$

よって，

$$a\geqq \frac{2}{3}.$$

これは $a>0$ を満たす．

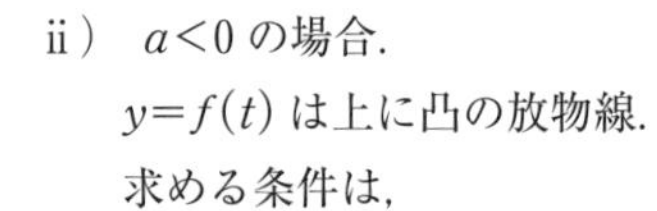

ii）$a<0$ の場合．

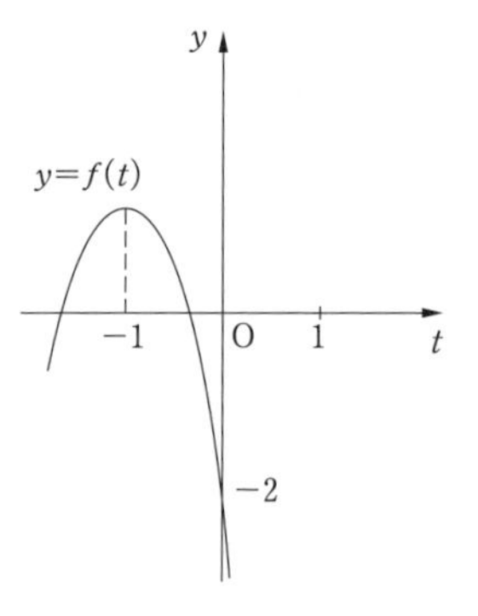

$y=f(t)$ は上に凸の放物線．

求める条件は，

$$f(-1)\geqq 0.$$

これより，　$-a-2\geqq 0$．

よって，　$a\leqq -2$．

これは $a<0$ を満たす．

以上 i），ii）により，求める a の値の範囲は

$$a\leqq \boxed{-2},\quad \frac{\boxed{2}}{\boxed{3}}\leqq a.$$

16

ア=0，イ=0，ウ=2，エ=1，オ=7，カ=1，キ=1，ク=4.

(1)　加法定理により，

$$\sin\left(\frac{\pi}{3}+\theta\right)=\sin\frac{\pi}{3}\cos\theta+\cos\frac{\pi}{3}\sin\theta$$
$$=\frac{\sqrt{3}}{2}\cos\theta+\frac{1}{2}\sin\theta,$$
$$\sin\left(\frac{\pi}{3}-\theta\right)=\sin\frac{\pi}{3}\cos\theta-\cos\frac{\pi}{3}\sin\theta$$
$$=\frac{\sqrt{3}}{2}\cos\theta-\frac{1}{2}\sin\theta.$$

よって，

$$「与式」=\left(\frac{\sqrt{3}}{2}\cos\theta+\frac{1}{2}\sin\theta\right)$$
$$-\left(\frac{\sqrt{3}}{2}\cos\theta-\frac{1}{2}\sin\theta\right)-\sin\theta=\boxed{0}.$$

(2)　加法定理により，

$$\cos\left(\frac{\pi}{6}+\theta\right)=\cos\frac{\pi}{6}\cos\theta-\sin\frac{\pi}{6}\sin\theta$$
$$=\frac{\sqrt{3}}{2}\cos\theta-\frac{1}{2}\sin\theta,$$
$$\cos\left(\frac{\pi}{6}-\theta\right)=\cos\frac{\pi}{6}\cos\theta+\sin\frac{\pi}{6}\sin\theta$$
$$=\frac{\sqrt{3}}{2}\cos\theta+\frac{1}{2}\sin\theta.$$

よって，

$$「与式」=\left(\frac{\sqrt{3}}{2}\cos\theta-\frac{1}{2}\sin\theta\right)$$
$$+\left(\frac{\sqrt{3}}{2}\cos\theta+\frac{1}{2}\sin\theta\right)-\sqrt{3}\cos\theta=\boxed{0}.$$

(3)　$\alpha+\beta=\frac{\pi}{4}$ だから，$\beta=\frac{\pi}{4}-\alpha$．よって，加法定理により，

$$\tan\beta=\tan\left(\frac{\pi}{4}-\alpha\right)=\frac{\tan\frac{\pi}{4}-\tan\alpha}{1+\tan\frac{\pi}{4}\tan\alpha}=\frac{1-\tan\alpha}{1+\tan\alpha}.$$

すると，

$$1+\tan\beta=1+\frac{1-\tan\alpha}{1+\tan\alpha}=\frac{2}{1+\tan\alpha}.$$

よって，

$$(1+\tan\alpha)(1+\tan\beta)=\boxed{2}.$$

(4) 加法定理により，

$$\tan(\alpha-\beta)=\frac{\tan\alpha-\tan\beta}{1+\tan\alpha\tan\beta}$$

$$=\frac{\frac{1}{2}-\frac{1}{3}}{1+\frac{1}{2}\cdot\frac{1}{3}}=\frac{3-2}{6+1}=\frac{\boxed{1}}{\boxed{7}}.$$

また，

$$\tan(\alpha+\beta)=\frac{\tan\alpha+\tan\beta}{1-\tan\alpha\tan\beta}$$

$$=\frac{\frac{1}{2}+\frac{1}{3}}{1-\frac{1}{2}\cdot\frac{1}{3}}=\frac{3+2}{6-1}=\boxed{1}.$$

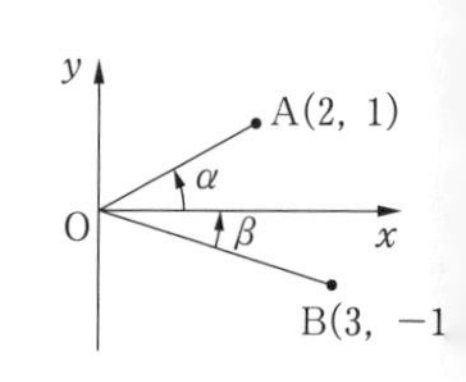

ここに，$0<\alpha<\frac{\pi}{2}$，$0<\beta<\frac{\pi}{2}$ なので，$0<\alpha+\beta<\pi$.

⬅$\angle AOB=\frac{\pi}{4}$ であることがわかる．

よって，

$$\alpha+\beta=\frac{\boxed{1}}{\boxed{4}}\pi.$$

17

ア＝1，イ＝2，ウエ＝−1，オ＝3，カキ＝−1，ク＝3，ケ＝4，コ＝1，サ＝4.

$\tan\alpha$＝「l_1 の傾き」，$\tan\beta$＝「l_2 の傾き」だから

$$\tan\alpha=\frac{\boxed{1}}{\boxed{2}},\quad \tan\beta=\frac{\boxed{-1}}{\boxed{3}}.$$

加法定理により，

$$\tan(\beta-\alpha)=\frac{\tan\beta-\tan\alpha}{1+\tan\beta\tan\alpha}$$

$$=\frac{-\frac{1}{3}-\frac{1}{2}}{1-\frac{1}{3}\cdot\frac{1}{2}}=\frac{-5}{5}=\boxed{-1}.$$

ここに，$0<\beta-\alpha<\pi$ だから，$\beta-\alpha=\dfrac{\boxed{3}}{\boxed{4}}\pi$.

よって，2直線 l_1，l_2 のなす角(鋭角の方)は

$$\pi-\frac{3}{4}\pi=\frac{\boxed{1}}{\boxed{4}}\pi.$$

⬅実質的には問題16の(4)と同じであることに気付いたでしょうか.

〔参考〕　l_1' : $y=\dfrac{1}{2}x$，l_2' : $y=-\dfrac{1}{3}x$　とすると，

$$l_1' /\!/ l_1,\ l_2' /\!/ l_2.$$

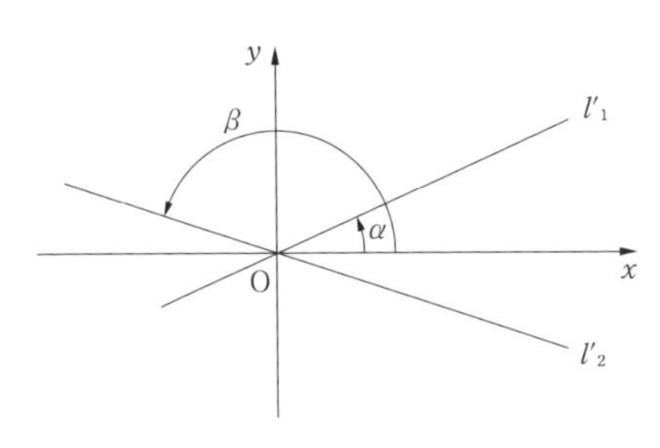

(参考終り)

18

ア=1，イ=3，ウ=5，エ=3，オ=⑤，カ=7，キ=6，クケ=11，コ=6，サ=1，シ=3，ス=1，セ=2.

(1)　いろいろな解法が考えられる.

〔解Ⅰ〕　まず，方程式 $\sin x=\sin\alpha$ の一般解が

$$x=\pi\times n+(-1)^n\times\alpha\quad(n：整数)$$

で与えられることを確認しておこう.

⬅

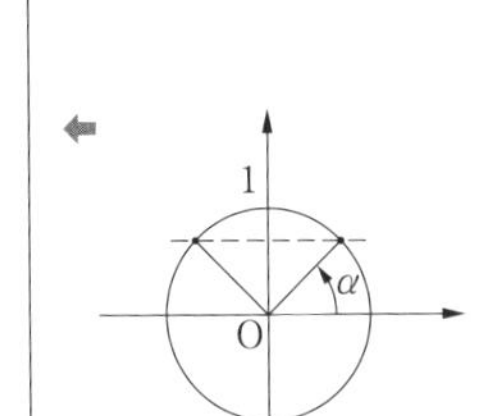

すると，与方程式は

$$\sin 2x=\sin x$$

と表せるので，

$$2x=\pi\times n+(-1)^n\times x.$$

$$\begin{cases} n：偶数のとき，x=\pi\times n. \\ n：奇数のとき，3x=\pi\times n，すなわち\ x=\dfrac{\pi}{3}\times n. \end{cases}$$

ここに，$0\leqq x<2\pi$ であることに注意して解くと

$$x = 0,\ \frac{\boxed{1}}{\boxed{3}}\pi,\ \pi,\ \frac{\boxed{5}}{\boxed{3}}\pi.$$

〔解Ⅱ〕 $\sin 2x$ とあるので 2 倍角の公式を利用する手もあろう.

2 倍角の公式により,

$$\sin 2x = 2\sin x\cos x.$$

よって, 与式は $2\sin x\cos x - \sin x = 0$, つまり

$$2\sin x\left(\cos x - \frac{1}{2}\right) = 0$$

と表せる.

これより,

$$\sin x = 0 \quad \text{または} \quad \cos x = \frac{1}{2}.$$

$\sin x = 0$ のとき, $x = 0,\ \pi.$

$\cos x = \frac{1}{2}$ のとき, $x = \frac{\pi}{3},\ \frac{5}{3}\pi.$

〔解Ⅲ〕 和→積公式を利用しても解ける.

与えられた方程式は

$$2\cos\frac{3x}{2}\sin\frac{x}{2} = 0$$

と変形できる.

⬅$\sin\alpha - \sin\beta = 2\cos\frac{\alpha+\beta}{2} \times \sin\frac{\alpha-\beta}{2}.$

これより,

$$\cos\frac{3x}{2} = 0 \quad \text{または} \quad \sin\frac{x}{2} = 0.$$

$\cos\frac{3x}{2} = 0$ のとき, $\frac{3x}{2} = \frac{\pi}{2},\ \frac{3}{2}\pi,\ \frac{5}{2}\pi.$

よって,

$$x = \frac{\pi}{3},\ \pi,\ \frac{5}{3}\pi.$$

$\sin\frac{x}{2} = 0$ のとき, $x = 0.$

(2) (i) 2 倍角の公式により

$$\begin{aligned}\cos 2x &= \cos^2 x - \sin^2 x \\ &= 1 - 2\sin^2 x \\ &= 2\cos^2 x - 1\end{aligned}$$

が成り立つので，オ を満たすものをすべて挙げたものとして正しい組合せはD，F，Gなので ⑤ が当てはまる．

(ii)　2倍角の公式により

$$\cos 2x=1-2\sin^2 x$$

だから，与えられた不等式は

$$(1-2\sin^2 x)+\sin x<0$$

すなわち，

$$2\sin^2 x-\sin x-1>0$$

と同値．この式の左辺を因数分解して

$$(2\sin x+1)(\sin x-1)>0.$$

ここに，$\sin x\leqq 1$ なので $\sin x-1\leqq 0$．よって上式は

$$2\sin x+1<0$$

と同値．

これより，　$\sin x<-\dfrac{1}{2}$.

よって，

$$\frac{\boxed{7}}{\boxed{6}}\pi<x<\frac{\boxed{11}}{\boxed{6}}\pi.$$

⬅$\cos 2x$
$=\cos^2 x-\sin^2 x$
$=1-2\sin^2 x$
$=2\cos^2 x-1$.

⬅
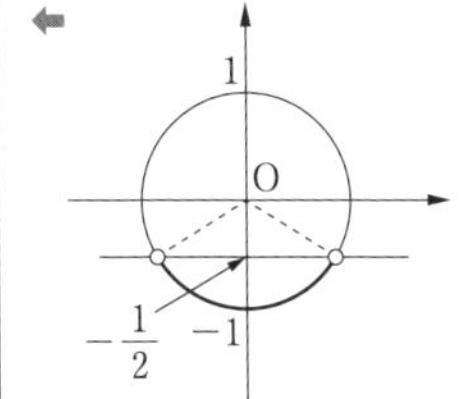

(3)

$$\tan x-2\sin x=\frac{\sin x}{\cos x}-2\sin x=\frac{\sin x(1-2\cos x)}{\cos x}$$

なので，

$$(\text{与式})\iff\frac{\sin x(1-2\cos x)}{\cos x}\geqq 0$$

$$\iff \sin x\cos x(1-2\cos x)\geqq 0\quad(\cos x\neq 0).$$

ここに，$0<x<\pi$ において，$\sin x>0$ なので，

$$(\text{与式})\iff \cos x(1-2\cos x)\geqq 0\quad(\cos x\neq 0)$$

$$\iff \cos x\left(\cos x-\frac{1}{2}\right)\leqq 0\quad(\cos x\neq 0).$$

$$\iff 0<\cos x\leqq\frac{1}{2}$$

$$\iff \frac{\boxed{1}}{\boxed{3}}\pi\leqq x<\frac{\boxed{1}}{\boxed{2}}\pi.$$

⬅
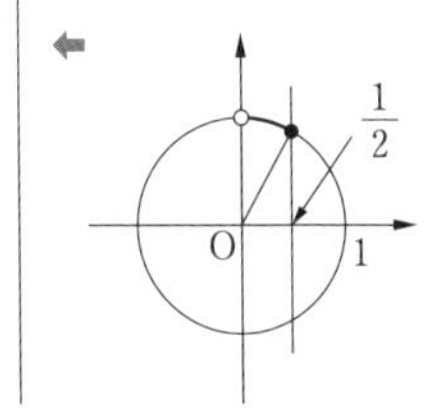

19

ア=1，イ=2，ウ=1，エ=1，オ=2，カ=3，キ=2，ク=3，ケ=3，コ=2，
サ=2，シ=1，ス=3，セ=3，ソ=1，タチ=12，ツ=3，テ=2，ト=3，ナ=7，
ニヌ=12，ネ=3，ノ=2，ハ=3.

まず，2倍角の公式を確認しておこう.

2倍角の公式

$$\sin 2\theta = 2\sin\theta\cos\theta,$$
$$\cos 2\theta = \cos^2\theta - \sin^2\theta$$
$$= 2\cos^2\theta - 1$$
$$= 1 - 2\sin^2\theta$$

これを念頭におくと

$$\begin{cases} \cos^2\theta = \dfrac{\boxed{1}}{\boxed{2}}\left(\boxed{1} + \cos 2\theta\right), \\ \sin\theta\cos\theta = \dfrac{\boxed{1}}{\boxed{2}}\sin 2\theta \end{cases}$$

が成り立つことから，$f(x)$ は $2x$ を用いて

$$f(x) = 3\cdot\frac{1}{2}(1+\cos 2x) + \sqrt{3}\cdot\frac{1}{2}\sin 2x$$
$$= \frac{\sqrt{\boxed{3}}}{\boxed{2}}(\sin 2x + \sqrt{\boxed{3}}\cos 2x) + \frac{\boxed{3}}{\boxed{2}}$$

と書き換えられる．次に，三角関数の合成により

$$\sin 2x + \sqrt{3}\cos 2x = \boxed{2}\sin\left(2x + \frac{\boxed{1}}{\boxed{3}}\pi\right)$$

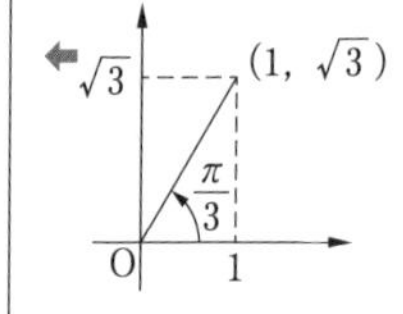

と変形できるので，$f(x)$ は

$$f(x) = \sqrt{\boxed{3}}\sin\left(2x + \frac{1}{3}\pi\right) + \frac{3}{2}$$

と表される.

ここで，$0 \leqq x \leqq \pi$ なので

$$\frac{1}{3}\pi \leqq 2x + \frac{1}{3}\pi \leqq 2\pi + \frac{1}{3}\pi$$

である．このとき $\sin\left(2x+\frac{1}{3}\pi\right)$ のとり得る値の範囲は

$$-1 \leqq \sin\left(2x+\frac{1}{3}\pi\right) \leqq 1$$

となるので，$f(x)$ は

$$2x+\frac{1}{3}\pi=\frac{1}{2}\pi,\ \text{つまり}\ x=\frac{\boxed{1}}{\boxed{12}}\pi\ \text{のとき最大}$$

となり最大値 $\dfrac{\boxed{3}}{\boxed{2}}+\sqrt{\boxed{3}}$ をとり，

$$2x+\frac{1}{3}\pi=\frac{3}{2}\pi,\ \text{つまり}\ x=\frac{\boxed{7}}{\boxed{12}}\pi\ \text{のとき最小}$$

となり最小値 $\dfrac{\boxed{3}}{\boxed{2}}-\sqrt{\boxed{3}}$ をとる．

三角関数の合成

$(a,\ b)\neq(0,\ 0)$ のとき，

$$a\sin\theta+b\cos\theta=\sqrt{a^2+b^2}\sin(\theta+\alpha).$$

ただし，α は $\cos\alpha=\dfrac{a}{\sqrt{a^2+b^2}}$，$\sin\alpha=\dfrac{b}{\sqrt{a^2+b^2}}$ を満たす．

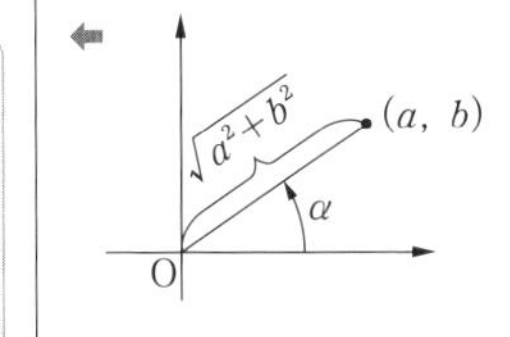

20

ア=2，イ=3，ウ=3，エオ=−1，カ=2，キ=2，クケコ=−33，サ=8.

(1)　$t=\sin\theta+\cos\theta$ の両辺を平方すると，

$$t^2=(\sin\theta+\cos\theta)^2=\sin^2\theta+2\sin\theta\cos\theta+\cos^2\theta$$
$$=1+\sin 2\theta.$$

これより，

$$\sin 2\theta=t^2-1.$$

よって，$f(\theta)=2\sin 2\theta-3(\sin\theta+\cos\theta)-1$　は t を用いて

$$2(t^2-1)-3t-1,\ \text{すなわち}\ \boxed{2}\,t^2-\boxed{3}\,t-\boxed{3}$$

と表せる．

次に，三角関数の合成より

$$t=\sin\theta+\cos\theta=\sqrt{2}\sin\left(\theta+\frac{\pi}{4}\right)$$

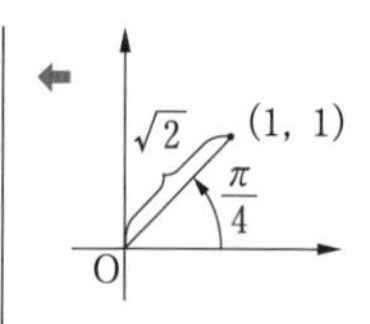

と変形できて，$0\leqq\theta\leqq\pi$ のとき，

$$\frac{\pi}{4}\leqq\theta+\frac{\pi}{4}\leqq\frac{5}{4}\pi$$

なので，

$$-\frac{1}{\sqrt{2}}\leqq\sin\left(\theta+\frac{\pi}{4}\right)\leqq1.$$

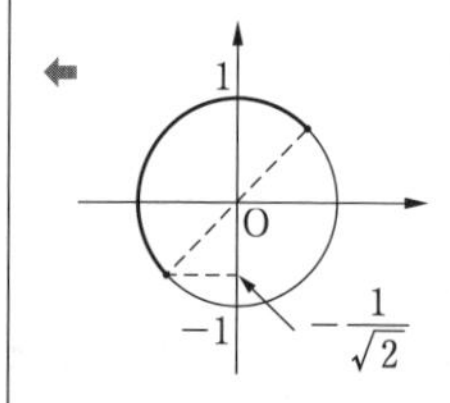

これより，

$$-1\leqq\sqrt{2}\sin\left(\theta+\frac{\pi}{4}\right)\leqq\sqrt{2}.$$

よって，t のとり得る値の範囲は

$$\boxed{-1}\leqq t\leqq\sqrt{\boxed{2}}. \quad \cdots(*)$$

(2) t が(*)の範囲を動くときの，t の 2 次関数

$$2t^2-3t-3$$

の最大値および最小値を求めればよい．

$$g(t)=2t^2-3t-3$$

とおくと，

$$g(t)=2\left(t-\frac{3}{4}\right)^2-\frac{33}{8}$$

←平方完成．

と変形できる．

$$\mathbf{-1<\frac{3}{4}<\sqrt{2}}$$

←対称軸の位置がポイント．

なので，$g(t)$ は $t=\frac{3}{4}$ のとき最小となり，また

$$\sqrt{2}-\frac{3}{4}<\frac{3}{4}-(-1)$$

なので，$g(t)$ は $t=-1$ のとき最大となる．

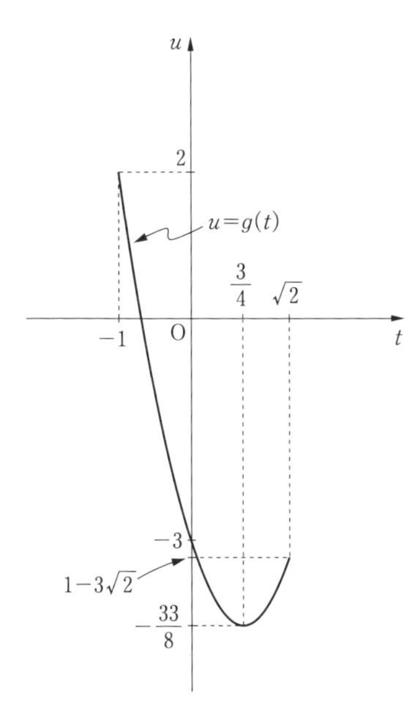

求める最大値は $g(-1)=2+3-3=\boxed{2}$,

最小値は $g\left(\frac{3}{4}\right)=\frac{\boxed{-33}}{\boxed{8}}$.

21

ア=3，イ=4，ウ=3，エ=5，オ=3，カ=4，キ=1，ク=8，ケ=1，コ=2，
サ=5，シ=2，ス=3，セソ=10，タ=1.

$$x=\cos\theta,\ y=\sin\theta\quad(0\leqq\theta<2\pi).$$

$$\begin{aligned}Q&=7x^2+6xy-y^2\\&=7\cos^2\theta+6\cos\theta\sin\theta-\sin^2\theta\end{aligned}$$

であり，2 倍角の公式を用いると

$$\begin{aligned}Q&=7\times\frac{1+\cos 2\theta}{2}+3\sin 2\theta-\frac{1-\cos 2\theta}{2}\\&=\boxed{3}\sin 2\theta+\boxed{4}\cos 2\theta+\boxed{3}\end{aligned}$$

となる．さらに，式を変形すると

$$Q=\boxed{5}\sin(2\theta+\alpha)+\boxed{3}$$

となる．ただし，α は　$\cos\alpha=\dfrac{3}{5}$，$\sin\alpha=\dfrac{4}{5}$　$\left(0<\alpha<\dfrac{\pi}{2}\right)$

を満たす．

ここで，$2\theta+\alpha$ のとり得る値の範囲は $\alpha\leqq 2\theta+\alpha<\boxed{4}\pi+\alpha$ であるから，$\sin(2\theta+\alpha)$ の最大値は $\boxed{1}$ であるので，Q の最大値は $\boxed{8}$ である．

$\sin(2\theta+\alpha)=1$ となるとき

$$2\theta+\alpha=\frac{\boxed{1}}{\boxed{2}}\pi,\quad \frac{\boxed{5}}{\boxed{2}}\pi$$

である．

(i)　$2\theta+\alpha=\dfrac{1}{2}\pi$ であるとき：

$\cos 2\theta=\cos\left(\dfrac{1}{2}\pi-\alpha\right)=\sin\alpha=\dfrac{4}{5}$ であるから

$2\cos^2\theta-1=\dfrac{4}{5}$ となり，$\cos^2\theta=\dfrac{9}{10}$ である．

ここで，$0<\alpha<\dfrac{\pi}{2}$ であるから $0<\dfrac{\alpha}{2}<\dfrac{\pi}{4}$ となり

$\theta=\dfrac{\pi}{4}-\dfrac{\alpha}{2}$ より $0<\theta<\dfrac{\pi}{4}$ である．よって，$\cos\theta>0$ となり

$$\cos\theta=\sqrt{\frac{9}{10}}=\frac{3}{\sqrt{10}}.$$

$\sin\theta>0$ なので $\sin\theta=\sqrt{1-\cos^2\theta}=\dfrac{1}{\sqrt{10}}$.

(ii)　$2\theta+\alpha=\dfrac{5}{2}\pi$ であるとき：

$\theta=\pi+\left(\dfrac{\pi}{4}-\dfrac{\alpha}{2}\right)$ であるから

$$\cos\theta=-\cos\left(\frac{\pi}{4}-\frac{\alpha}{2}\right)=-\frac{3}{\sqrt{10}}.$$

また，$\sin\theta=-\sin\left(\dfrac{\pi}{4}-\dfrac{\alpha}{2}\right)=-\dfrac{1}{\sqrt{10}}$.

以上から，求める点Pの座標は

$$\left(\frac{\boxed{3}}{\sqrt{\boxed{10}}},\ \frac{\boxed{1}}{\sqrt{10}}\right),\ \left(-\frac{3}{\sqrt{10}},\ -\frac{1}{\sqrt{10}}\right)$$

である．

⬅$\cos\left(\dfrac{\pi}{2}-\alpha\right)$
$=\sin\alpha$.

⬅$\cos(\pi+\alpha)$
$=-\cos\alpha$.

⬅$\sin(\pi+\alpha)$
$=-\sin\alpha$.

第4章　指数関数・対数関数

22

ア＝①，イ＝③，ウ＝②，エ＝②，オ＝③，カ＝①，キ＝2，ク＝5，ケ＝4，コ＝2，サ＝5，シス＝34，セ＝5．

〔1〕

指数関数 $y=a^x$ のグラフ

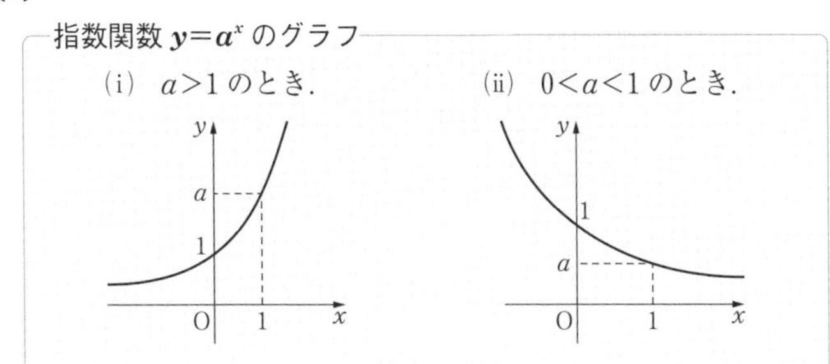

(1) $a=\sqrt[3]{3}$，$b=\sqrt[5]{81}$，$c=\sqrt[7]{243}$ とする．

$$a=3^{\frac{1}{3}},\ b=(3^4)^{\frac{1}{5}}=3^{\frac{4}{5}},\ c=(3^5)^{\frac{1}{7}}=3^{\frac{5}{7}}$$

と表される．各数の3の指数に注目すると

$\frac{1}{3}<\frac{5}{7}<\frac{4}{5}$ なので $3^{\frac{1}{3}}<3^{\frac{5}{7}}<3^{\frac{4}{5}}$ つまり $a<c<b$

⬅$y=3^x$ のグラフを念頭におくとよい．

である．よって

$$\sqrt[3]{3}<\sqrt[7]{243}<\sqrt[5]{81}$$

つまり

$$\boxed{①}<\boxed{③}<\boxed{②}$$

が成り立つ．

(2) $d=\sqrt{\frac{1}{2}}$，$e=\sqrt[3]{\frac{1}{4}}$，$f=\sqrt[5]{\frac{1}{8}}$ とする．

$$d=(2^{-1})^{\frac{1}{2}}=2^{-\frac{1}{2}},\ e=(2^{-2})^{\frac{1}{3}}=2^{-\frac{2}{3}},\ f=(2^{-3})^{\frac{1}{5}}=2^{-\frac{3}{5}}$$

と表される．各数の2の指数に注目すると

⬅$y=2^x$ のグラフを念頭におくとよい．

$-\frac{2}{3}<-\frac{3}{5}<-\frac{1}{2}$ なので $2^{-\frac{2}{3}}<2^{-\frac{3}{5}}<2^{-\frac{1}{2}}$ つまり $e<f<d$

である．よって

$$\sqrt[3]{\frac{1}{4}} < \sqrt[5]{\frac{1}{8}} < \sqrt{\frac{1}{2}}$$

つまり

$$\boxed{②} < \boxed{③} < \boxed{①}$$

が成り立つ.

〔2〕

対称式

$$\alpha^2+\beta^2=(\alpha+\beta)^2-2\alpha\beta,$$
$$\alpha^3+\beta^3=(\alpha+\beta)^3-3\alpha\beta(\alpha+\beta).$$

a は正の実数で, $4^a+4^{-a}=18$ を満たす.

(1) $(2^a+2^{-a})^2=(2^a)^2+2\times2^a\times2^{-a}+(2^{-a})^2$

$$=4^a+2\times1+4^{-a}$$
$$=4^a+4^{-a}+2$$

← $2^a\cdot2^{-a}=2^{a-a}$ $=2^0=1.$

である. 条件より $4^a+4^{-a}=18$ なので $(2^a+2^{-a})^2=20$ となる. ここで, $2^a>0$, $2^{-a}>0$ なので $2^a+2^{-a}>0$ であるから

← $y=2^x$ のグラフを念頭におくとよい.

$$2^a+2^{-a}=\sqrt{20}=\boxed{2}\sqrt{\boxed{5}} \quad \cdots ①$$

である.

また,

$$(2^a-2^{-a})^2=4^a-2+4^{-a}=16$$

である. ここで, $a>0$ なので $-a<a$ である. すると $2^{-a}<2^a$ となり $2^a-2^{-a}>0$ である. よって

$$2^a-2^{-a}=\sqrt{16}=\boxed{4}. \quad \cdots ②$$

①, ② より

$$2^a=\frac{1}{2}(2\sqrt{5}+4)=\boxed{2}+\sqrt{\boxed{5}}$$

である.

(2) $8^a+8^{-a}=(2^3)^a+(2^3)^{-a}=(2^a)^3+(2^{-a})^3$

$$=(2^a+2^{-a})^3-3\times2^a\times2^{-a}(2^a+2^{-a})$$
$$=(2\sqrt{5})^3-3\times1\times2\sqrt{5}=40\sqrt{5}-6\sqrt{5}$$
$$=\boxed{34}\sqrt{\boxed{5}}$$

← 対称式の性質を使っている.

である.

23

アイ＝10，ウ＝7，エ＝②，オ＝③，カ＝①，キ＝①，ク＝③，ケ＝②.

(1)　まず，次の基本事項を確認しておこう.

対数と指数の関係

$a>0$，$a \neq 1$，$M>0$ のとき，

$$\log_a M=p \Longleftrightarrow M=a^p.$$

⇐log は対数を意味する logarithm に由来する記号である.

与えられた数表により，

$2^{10}=1024$　なので，$\log_2 1024=$ 10 ，

また，

$3^7=2187$　なので，$\log_3 2187=$ 7

である.

(2)　数表により，

$$2^{11}=2048,\ 3^7=2187$$

なので，$$2^{11}<3^7.$$

ここで，曲線 $y=\log_2 x$ の概形をみておこう.

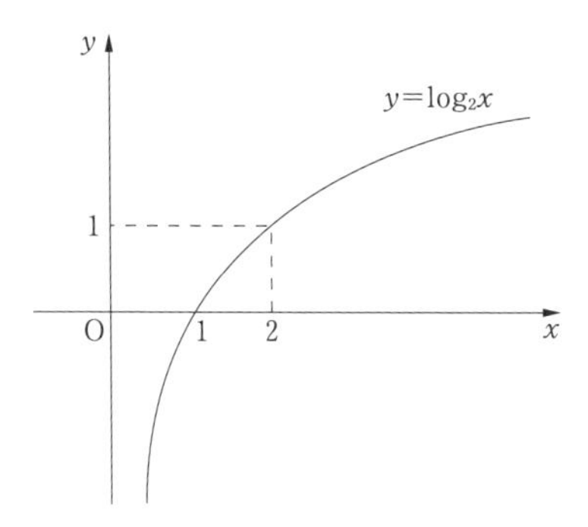

前式の両辺の，「2」を底とする対数をとると，

$$\log_2 2^{11}<\log_2 3^7.$$

⇐ $0<p<q$ のとき，$\log_2 p<\log_2 q$.

これより，

$$11<7\log_2 3.$$

⇐ $\log_a M^r=r\log_a M$

よって，$$\frac{11}{7}<\log_2 3. \quad \cdots ①$$

また,

$$3^5=243,\ \ 2^8=256$$

なので,　$3^5<2^8$.

この両辺の「2」を底とする対数をとると,

$$\log_2 3^5<\log_2 2^8.$$

これより,

$$5\log_2 3<8.$$

よって,　$\log_2 3<\dfrac{8}{5}$.　…②

①, ② より,

$$\frac{11}{7}<\log_2 3<\frac{8}{5}\qquad\cdots③$$

つまり

$$\boxed{②}<\boxed{③}<\boxed{①}.$$

(3)　③ の各辺に 25 を掛けて

$$25\times\frac{11}{7}<25\log_2 3<25\times\frac{8}{5}.$$

これより,　$\dfrac{275}{7}<\log_2 3^{25}<40$.

ここで,

$$39=\frac{273}{7}<\frac{275}{7}$$

なので,　$39<\log_2 3^{25}<40$.

これより,

$$\log_2 2^{39}<\log_2 3^{25}<\log_2 2^{40}.$$

よって,

$$2^{39}<3^{25}<2^{40}$$

つまり

$$\boxed{①}<\boxed{③}<\boxed{②}.$$

24

アイ＝−4，ウ＝1，エ＝1，オ＝2，カキ＝−4，クケ＝−1，コ＝2，サ＝2，シ＝0，ス＝1，セ＝2，ソ＝1．

(1)
$$\log_2(1-x)+\log_4(x+4)<1. \qquad \cdots(*)$$

まず，真数が正の条件より

$$1-x>0 \quad \text{かつ} \quad x+4>0$$

つまり

$$\boxed{-4}<x<\boxed{1} \qquad \cdots ①$$

である．以下，① のもとで考える．

底の変換公式により

$$\log_4(x+4)=\frac{\log_2(x+4)}{\log_2 4}=\frac{\boxed{1}}{\boxed{2}}\log_2(x+4)$$

なので，不等式(*)は

$$\log_2(1-x)+\frac{1}{2}\log_2(x+4)<1$$

すなわち

$$2\log_2(1-x)+\log_2(x+4)<2$$

と表せる．変形して

$$\log_2(1-x)^2(x+4)<\log_2 4.$$

ここで底の 2 は 1 より大であるので，両辺の真数を比べて得られる x の不等式

$$(1-x)^2(x+4)<4 \qquad \cdots ②$$

を解けばよい．② を変形すると

$$x^3+2x^2-7x<0$$

つまり

$$x(x^2+2x-7)<0$$

である．$x^2+2x-7=0$ とすると $x=-1\pm2\sqrt{2}$ なので，② の解は，

$$x<-1-2\sqrt{2}, \quad 0<x<-1+2\sqrt{2}$$

となる．

ここで，① を念頭におくと

$$4< \ 1 \ \ 2\sqrt{2}, \quad 1<-1+2\sqrt{2}$$

⬅ 底の変換公式
$a>0$，$a\neq1$，
$b>0$，$c>0$，
$c\neq1$ のとき，
$\log_a b=\dfrac{\log_c b}{\log_c a}$.

⬅ $a>1$ のとき
$p>q>0$
$\Leftrightarrow \log_a p>\log_a q$.

なので，求める x の値の範囲は

$$\boxed{-4}<x<\boxed{-1}-\boxed{2}\sqrt{\boxed{2}},$$
$$\boxed{0}<x<\boxed{1}$$

である．

(2) 真数が正の条件より，x，y はいずれも正の整数．

よって，

$$x \geqq 1,\ y \geqq 1. \quad \cdots ③$$

与式より，

$$\log_2(x+2y)=\log_2 2xy.$$

これより　$x+2y=2xy.$

これを変形して，

$$(x-1)(2y-1)=1.$$

←(　)×(　)=整数の形に直す．

③ を考慮すると，$x-1$，$2y-1$ は 1 の正の約数．

よって，

$$(x-1,\ 2y-1)=(1,\ 1).$$

したがって，

$$(x,\ y)=\left(\boxed{2},\ \boxed{1}\right).$$

25

ア=2，イ=3，ウ=3，エオ=−3，カキ=−4，クケ=47，コサ=16.

(1) (i) $\log_3 x=X$ とおくと，$\log_x 3=\dfrac{1}{\log_3 x}=\dfrac{1}{X}$.

これより，

$$t=X+\frac{1}{X}.$$

すると

$$X^2+\frac{1}{X^2}=\left(X+\frac{1}{X}\right)^2-2=t^2-2.$$

よって，

$$f(x)=\left(X^2+\frac{1}{X^2}\right)-2\left(X+\frac{1}{X}\right)-1$$

$=t^2-\boxed{2}\,t-\boxed{3}$.

$g(t)=t^2-2t-3$ とおく.

(ii) **$x>1$ だから $X=\log_3 x>0$.**

したがって，相加平均と相乗平均の大小関係により

$X+\dfrac{1}{X}\geqq 2\sqrt{X\cdot\dfrac{1}{X}}$.　これより　$X+\dfrac{1}{X}\geqq 2$.

（ここで，$X+\dfrac{1}{X}=2$ となるのは，$X=\dfrac{1}{X}=1$ すなわち $x=3$ のときに限る.）

すると

$t\geqq 2$.（等号成立は，$x=3$ のときに限る.）

よって，

$$g(t)=(t-1)^2-4$$
$$\geqq(2-1)^2-4=-3.$$

したがって，$g(t)$ は $t=2$ のとき最小値 -3 をとることがわかるので，$f(x)$ は $x=\boxed{3}$ のとき最小値 $\boxed{-3}$ をとる.

(2) $2^x=X$ とおくと，$X>0$ で，

$$4^{x+2}-2^{x+1}+3=16\cdot 4^x-2\cdot 2^x+3$$
$$=16X^2-2X+3$$
$$=16\left(X-\frac{1}{16}\right)^2+\frac{47}{16}$$

と表せる.

よって，$X=\dfrac{1}{16}$ つまり $2^x=2^{-4}$ すなわち，$x=\boxed{-4}$ のとき最小となり，その最小値は $\dfrac{\boxed{47}}{\boxed{16}}$ である.

⬅重要.
$a>0$, $b>0$ のとき
$\dfrac{a+b}{2}\geqq\sqrt{ab}$
（等号成立は $a=b$ のとき）.

⬅ X についての2次関数.

26

アイウ=610，エ=2，オ=5，カ=7，キク=39.

(1) $A=2^{2025}$ とする.

$$\begin{aligned}\log_{10} A &= \log_{10} 2^{2025}\\ &= 2025\times\log_{10} 2\\ &= 2025\times 0.3010\\ &= 609.525\end{aligned}$$

なので

$$609 \leqq \log_{10} A < 610$$

である．よって，

$$10^{609} \leqq A < 10^{610}$$

となり，A は $\boxed{610}$ 桁の整数である．

いま，正の整数 k に対して，k の一の位の数字を $M(k)$ と表すと，

n	1	2	3	4	5	6	7	8	…
2^n	2	4	8	16	32	64	128	256	…

より

$$M(2^1)=2,\ M(2^2)=4,\ M(2^3)=8,\ M(2^4)=6,$$
$$M(2^5)=2,\ M(2^6)=4,\ M(2^7)=8,\ M(2^8)=6,$$
$$\vdots$$

である．よって，l を 0 以上の整数として

$$M(2^{4l+1})=2,\ M(2^{4l+2})=4,\ M(2^{4l+3})=8,\ M(2^{4l+4})=6$$

となる．ここで

$$2025=4\times 506+1$$

なので，

$$M(2^{2025})=\boxed{2}$$

である．

(2) 与えられた条件により，

$$\begin{cases}8\leqq\log_{10} a^2<9,\\ 23\leqq\log_{10} ab^3<24\end{cases}\iff\begin{cases}8\leqq 2\log_{10} a<9,\\ 23\leqq\log_{10} a+3\log_{10} b<24\end{cases}$$

$$\iff\begin{cases}4\leqq\log_{10} a<\dfrac{9}{2},\\ \dfrac{37}{6}<\log_{10} b<\dfrac{20}{3}\end{cases}$$

$$\iff\begin{cases}4\leqq\log_{10} a<4.5,\\ 6.16\cdots<\log_{10} b<6.66\cdots.\end{cases}$$

よって，a は $\boxed{5}$ 桁，b は $\boxed{7}$ 桁の整数である．

⬅ 10 を底とする対数を常用対数という．

⬅ 例えば，整数 A について，
A が 3 桁
$\Leftrightarrow 100\leqq A<1000$
$\Leftrightarrow 10^2\leqq A<10^3$.

⬅ $2^{n+4}-2^n$
$=2^{n-1}(2^5-2)$
$=30\times 2^{n-1}$
は10の倍数なので
$M(2^{n+4})=M(2^n)$
である．

⬅ $\dfrac{23-\dfrac{9}{2}}{3}=\dfrac{37}{6}$,
$\dfrac{24-4}{3}=\dfrac{20}{3}$.

(3)　$a=\left(\frac{1}{6}\right)^{50}$ とおく.

$$\log_{10} a=\log_{10}\left(\frac{1}{6}\right)^{50}=50\log_{10}\frac{1}{6}=50\times(-\log_{10}6)$$
$$=-50(\log_{10}2+\log_{10}3)$$
$$=-50\times(0.3010+0.4771)$$
$$=-50\times0.7781$$
$$=-38.905$$

なので

$$-39\leqq\log_{10}a<-38.$$

よって,

$$10^{-39}\leqq a<10^{-38}$$

つまり

$$\frac{1}{10^{39}}\leqq a<\frac{1}{10^{38}}.$$

よって, a を小数で表したとき, 小数点以下第 39 位に初めて0でない数字が現れる.

⬅例えば,
$\frac{1}{10^3}\leqq a<\frac{1}{10^2}$
すなわち
$0.001\leqq a<0.01$
ならば, a は小数点以下第3位に初めて0でない数字が現れる.

最後に, 本問で利用した重要事項を次にまとめておこう.

正の数 a について,

i)「a の整数部分が n 桁」$\Longleftrightarrow$「$10^{n-1}\leqq a<10^n$」
$\Longleftrightarrow$「$\log_{10}a$ の整数部分が $n-1$」.

ii)「a を小数で表したとき, 小数第 n 位に初めて0でない数字が現れる」$\Longleftrightarrow$「$\frac{1}{10^n}\leqq a<\frac{1}{10^{n-1}}$」
$\Longleftrightarrow$「$\log_{10}a$ の整数部分が $-n$」.

27

ア$=2$，イ$=2$，ウエ$=16$，オカ$=16$，キ$=8$，ク$=9$.

(1)　真数が正の条件より $x>0$．この条件下で考える．

底の変換公式により，

$$\log_{\frac{1}{2}} x=\frac{\log_2 x}{\log_2 \frac{1}{2}}=\frac{\log_2 x}{-1}=-\log_2 x.$$

よって，与えられた不等式は

$$2(-\log_2 x)^2-11\log_2 x+12\leqq 0$$

すなわち，　$2(\log_2 x)^2-11\log_2 x+12\leqq 0$

と表せる．左辺を因数分解して

$$(2\log_2 x-3)(\log_2 x-4)\leqq 0.$$

これより

$$\frac{3}{2}\leqq \log_2 x\leqq 4. \quad \cdots ①$$

したがって　$2^{\frac{3}{2}}\leqq x\leqq 2^4$.

よって，求める x の値の範囲は

$$\boxed{2}\sqrt{\boxed{2}}\leqq x\leqq \boxed{16}.$$

(2)
$$f(x)=(\log_2 x-\log_2 3)(\log_2 x-\log_2 4)$$
$$=(\log_2 x-\log_2 3)(\log_2 x-2).$$

ここで，$\log_2 x=t$ とおくと $f(x)$ は

$$(t-\log_2 3)(t-2)$$

と表せる．いま

$$g(t)=(t-\log_2 3)(t-2)$$

とおくと　$g(t)=t^2-(2+\log_2 3)t+2\log_2 3$.

x が (1) で求めた範囲を動くとき，t のとり得る値の範囲は①から

$$\frac{3}{2}\leqq t\leqq 4. \quad \cdots ②$$

このときの $g(t)$ の最大値を求めればよい．

tu 平面上で，曲線 $u=g(t)$ は下に凸の放物線で，その対称軸は $t=1+\frac{1}{2}\log_2 3$ である．

ここで $\alpha=1+\frac{1}{2}\log_2 3$ とおく.

$$1<\log_2 3<2 \quad より \quad \frac{3}{2}<\alpha<2.$$

よって t が ② の範囲を動くとき, $g(t)$ は $t=4$ のとき最大となる.

$$t=4 \iff \log_2 x=4 \iff x=2^4$$
$$\iff x=16$$

だから, $f(x)$ は $x=\boxed{16}$ のとき最大となり, 最大値は

$$g(4)=(4-\log_2 3)\times(4-2)=8-2\log_2 3$$
$$=\boxed{8}-\log_2\boxed{9}$$

である.

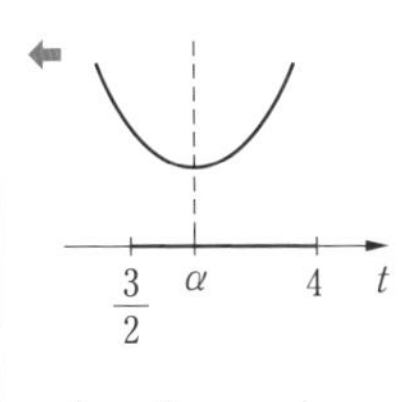

$\left(\alpha-\frac{3}{2}<4-\alpha\right)$

28

ア=2, イ=5, ウ=5, エ=2, オ=2, カ=1, キ=6, クケ=10.

(1) 真数が正である条件より

$$4x-8>0. \quad これより \quad x>\boxed{2}.$$

(2) まず, $f(x)$ を変形する.

$$f(x)=\log_2(4x-8)-1=\log_2 4(x-2)-1$$
$$=\log_2 4+\log_2(x-2)-1=2+\log_2(x-2)-1$$
$$=\log_2(x-2)+1.$$

よって, 与えられた方程式

$$2f(x)=f(x+1)+1$$

は,

$$2\{\log_2(x-2)+1\}=\{\log_2(x+1-2)+1\}+1$$

つまり,

$$2\log_2(x-2)=\log_2(x-1)$$

と書き直せる. 変形して

$$\log_2(x-2)^2=\log_2(x-1).$$

これより

$$(x-2)^2=x-1.$$

展開して整理すると

$$x^2-5x+5=0.$$

よって,

$$x=\frac{5\pm\sqrt{5}}{2}.$$

このうち, $x>2$ を満たすものを求めて

$$x=\frac{\boxed{5}+\sqrt{\boxed{5}}}{\boxed{2}}.$$

(3)
$$f(x)=\log_2(x-2)+1$$

なので, 曲線 $y=f(x)$ は曲線 $y=\log_2 x$ を

x 軸方向に $\boxed{2}$,

y 軸方向に $\boxed{1}$

だけ平行移動したものである.

(4)

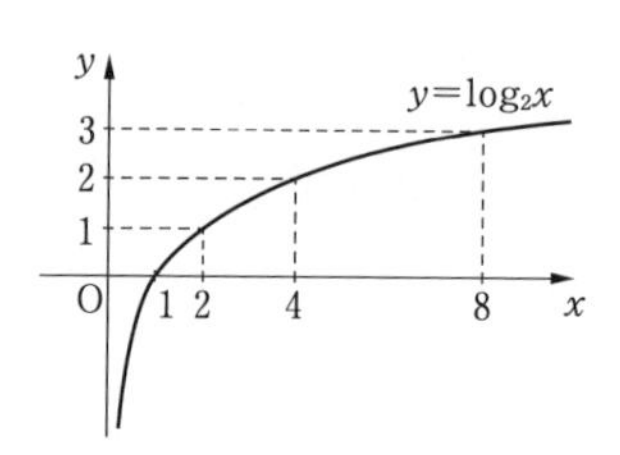

(3) により, 曲線 $y=f(x)$ の概形は次図のようになる.

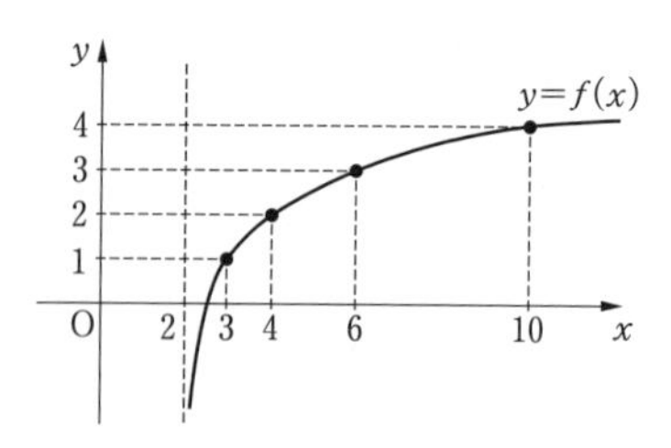

曲線 $y=f(x)$ 上の格子点 (x 座標と y 座標がともに整数であるような点) に着目すればよい.

求める a の値の範囲は

$$\boxed{6}\leqq a<\boxed{10}.$$

第５章　微分・積分の考え

29

ア＝1，イ＝3，ウエ＝−1，オカ＝25，キク＝10.

(1)　$f(x)=ax^2+bx+c$ なので，$f'(x)=2ax+b$.

与えられた条件により，

$$\begin{cases} b=3, \\ 2a+b=5, \\ 4a+2b+c=9. \end{cases}$$

これを解いて，

$$a=\boxed{1},\ b=\boxed{3},\ c=\boxed{-1}.$$

(2)　$f(x)$ が３次関数なので，$f'(x)$ は２次関数である．

よって，

$$\boldsymbol{f'(x)=ax^2+bx+c\ (a\neq 0)}$$

とおける．与えられた条件より，

$$\begin{cases} c=4, \\ a+b+c=5, \\ 4a+2b+c=12. \end{cases}$$

これより，　$a=3,\ b=-2,\ c=4.$

よって，

$$f'(x)=3x^2-2x+4.$$

したがって

$$f'(3)=3\cdot 3^2-2\cdot 3+4$$
$$=\boxed{25}.$$

(3)　(ii)　$\dfrac{f(a+3h)-f(a-2h)}{h}$

$$=\frac{f(a+3h)-f(a)}{h}-\frac{f(a-2h)-f(a)}{h}$$

$$=3\cdot\frac{f(a+3h)-f(a)}{3h}+2\cdot\frac{f(a-2h)-f(a)}{-2h}.$$

したがって，

⬅ここがポイント．

$$\lim_{h\to 0}\frac{f(a+3h)-f(a-2h)}{h}=3\lim_{3h\to 0}\frac{f(a+3h)-f(a)}{3h}+2\lim_{-2h\to 0}\frac{f(a-2h)-f(a)}{-2h}$$

$$=3f'(a)+2f'(a)=5f'(a)$$

$$=\boxed{10}.\quad (\because\ f'(a)=2.)$$

⬅微分係数の定義
$f'(a)$
$=\lim_{h\to 0}\frac{f(a+h)-f(a)}{h}.$

30

ア=1，イ=0，ウエ=−3，オ=3，カ=3，キク=56，ケコ=−2，サシス=−24.

(1)
$$f(x)=ax^3+bx^2+cx+d,$$
$$f'(x)=3ax^2+2bx+c.$$

題意により，$f'(-1)=f'(1)=0$.

これより，

$$\begin{cases} 3a-2b+c=0, \\ 3a+2b+c=0 \end{cases}$$

となり　$b=0$，$c=-3a$.

よって，$f(x)=ax^3-3ax+d$.

$f(-1)=5$，$f(1)=1$ だから，

$$\begin{cases} -a+3a+d=5, \\ a-3a+d=1. \end{cases}$$

これより　$a=1$，$d=3$.　よって，$c=-3$.

このとき，$f(x)=x^3-3x+3$ となり，$f'(x)=3(x+1)(x-1)$.

$f(x)$ の増減表を作ると，

x	$\cdots$	-1	$\cdots$	1	$\cdots$
$f'(x)$	$+$	0	$-$	0	$+$
$f(x)$	↗	5	↘	1	↗

となり，確かに，$f(x)$ は $x=-1$ で極大値 5 をとり，$x=1$ で極小値 1 をとっている．以上から，

$$a=\boxed{1},\ b=\boxed{0},\ c=\boxed{-3},\ d=\boxed{3}.$$

(2)　与えられた 3 次関数を

$$f(x)=x^3-ax^2-24x+b$$

とおき，$f(x)$ は $x=\alpha$ で極大値 84 をとり，$x=4$ で極小値 c をとるとする．

$$f'(x)=3x^2-2ax-24.$$

$f(x)$ は $x=4$ で極値をとるので $f'(4)=0$.

これより，　$48-8a-24=0.$

すると　$a=\boxed{3}$.

よって，

$$f(x)=x^3-3x^2-24x+b,$$
$$f'(x)=3x^2-6x-24=3(x^2-2x-8)$$
$$=3(x+2)(x-4).$$

$f(x)$ の増減表を作ると，次のようになる．

x	$\cdots$	-2	$\cdots$	4	$\cdots$
$f'(x)$	$+$	0	$-$	0	$+$
$f(x)$	↗	極大	↘	極小	↗

したがって，$f(x)$ は $x=-2$ で極大となることがわかる．

極大値が 84 なので，

$$f(-2)=84.$$

これより

$$(-2)^3-3\cdot(-2)^2-24\cdot(-2)+b=84$$

つまり　$-8-12+48+b=84.$

よって，　$b=\boxed{56}$.　　また，$\alpha=\boxed{-2}$.

よって $f(x)$ の極小値は

$$f(4)=4^3-3\cdot4^2-24\cdot4+56$$
$$=(4-3-6)\cdot4^2+56=-80+56=\boxed{-24}.$$

31

アイ＝−1，ウ＝3，エ＝0，オカキ＝−27，ク＝5，ケコ＝−3，サシ＝−1，スセ＝−1，ソ＝3，タ＝3，チ＝5.

(1)
$$f(x)=x^3+3kx^2-kx-1,$$
$$f'(x)=3x^2+6kx-k.$$

$f(x)$ が極大値および極小値をもたないためには，$f'(x)$ に符号の変化がないことが必要十分.

よって，任意の実数 x に対して $f'(x) \geqq 0$ となるような k の値の範囲を求めればよい.

$$f'(x)=3(x+k)^2-3k^2-k$$

となるから，$f'(x)$ は $x=-k$ のとき最小値 $-(3k^2+k)$ をとる.

よって，

$$-(3k^2+k) \geqq 0.$$

変形して　$k(3k+1) \leqq 0.$

したがって，求める k の値の範囲は，

$$\frac{\boxed{-1}}{\boxed{3}} \leqq k \leqq \boxed{0}.$$

(2)　$x^3-3x^2-9x-a=0 \iff x^3-3x^2-9x=a$

⬅定数を分離する.

だから，$f(x)=x^3-3x^2-9x$ とおいて，曲線 $y=f(x)$ と，直線 $y=a$ とが相異なる3つの共有点をもつような a の値の範囲を求めればよい.

$$f'(x)=3x^2-6x-9=3(x^2-2x-3)$$
$$=3(x+1)(x-3).$$

$f(x)$ の増減表を作ると次のようになる.

x	$\cdots$	-1	$\cdots$	3	$\cdots$
$f'(x)$	$+$	0	$-$	0	$+$
$f(x)$	↗	極大	↘	極小	↗

極大値：$f(-1)=-1-3+9=5,$

極小値：　$f(3)=27-27-27=-27.$

次に方程式 $f(x)=f(-1)$，すなわち $f(x)=5$ を解く.

$$x^3-3x^2-9x-5=0.$$

変形して

$$(x+1)^2(x-5)=0.$$

よって，　$x=-1$(重解)，5.

⬅接する→重解.

また，方程式 $f(x)=f(3)$，すなわち $f(x)=-27$ を解く.

$$x^3-3x^2-9x+27=0.$$

変形して

$$(x-3)^2(x+3)=0.$$

よって，　$x=3$(重解)，-3.

以上にもとづいて曲線 $y=f(x)$ の概形を描くと，次図のようになる．

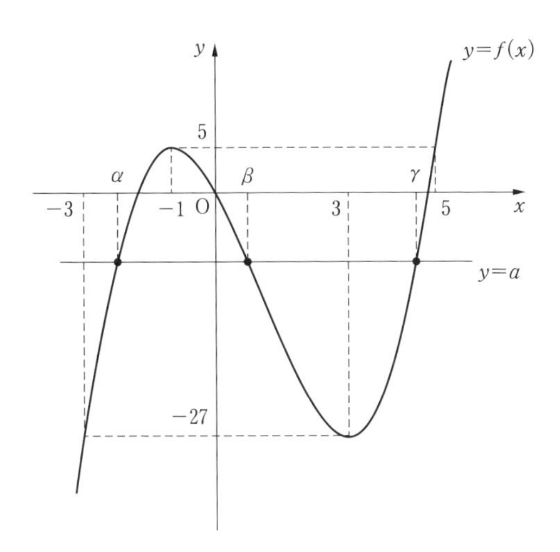

よって，曲線 $y=f(x)$ と直線 $y=a$ が相異なる３つの共有点をもつような a の値の範囲は，

$$\boxed{-27}<a<\boxed{5}.$$

このとき，３つの実数解 α，β，γ $(\alpha<\beta<\gamma)$ のそれぞれのとり得る値の範囲は

$\boxed{-3}<\alpha<\boxed{-1}$，$\boxed{-1}<\beta<\boxed{3}$，$\boxed{3}<\gamma<\boxed{5}$

である．

32

ア＝8，イ＝8，ウ＝6，エオ＝−4，カキク＝−38，ケ＝3，コサ＝12，
シ＝9，ス＝2，セ＝6，ソ＝1，タチ＝−1，ツ＝2，テト＝−3，ナニ＝24.

(1)　　$C: y=x^3+2x^2+x-2.$

$f(x)=x^3+2x^2+x-2$ とおく．

$$f'(x)=3x^2+4x+1.$$

C 上の点 $(1,\ 2)$ における C の接線の傾きは

$$f'(1)=\boxed{8}.$$

よって，曲線 C 上の点 $(1,\ 2)$ における C の接線の方程式は

$$y=8(x-1)+2$$

すなわち，

$$y=\boxed{8}x-\boxed{6}.$$

この接線と C との共有点の x 座標は，x の方程式

$$f(x)=8x-6$$

すなわち，

$$x^3+2x^2-7x+4=0$$

の実数解として得られる．左辺を因数分解して

$$(x-1)^2(x+4)=0.$$

⬅接点の x 座標1を重解にもつ．

これより　　　$x=1$（重解），-4.

よって，接点でないものの x 座標は -4.

ここに，

$$f(-4)=-64+32-4-2=-38$$

だから，接点でないものの座標は

$$\left(\boxed{-4},\ \boxed{-38}\right).$$

(2)
$$y=x^3-6x^2+9x+1$$

より，

$$y'=3x^2-12x+9.$$

よって，l の方程式は

$$y=(3t^2-12t+9)(x-t)+t^3-6t^2+9t+1$$

⬅曲線　$y=f(x)$ 上の点 $(t,\ f(t))$ における接線の傾きは，微分係数 $f'(t)$ で与えられる．

である．展開して整理すると

$$y=\left(\boxed{3}t^2-\boxed{12}t+\boxed{9}\right)x-\boxed{2}t^3+\boxed{6}t^2+\boxed{1} \quad (*)$$

となる．これが点 $(0,\ 9)$ を通るための条件は

$$9=-2t^3+6t^2+1$$

が成り立つことである．整理して

$$t^3-3t^2+4=0.$$

因数分解すると

$$(t-2)(t^2-t-2)=0.$$

これより

$$(t-2)^2(t+1)=0.$$

よって，求める t の値は

$$t=\boxed{-1},\ \boxed{2}$$

である．

$t=-1$ のとき，(*)より

$$y=24x+9.$$

$t=2$ のとき，(*)より

$$y=-3x+9.$$

よって，求める接線の方程式は

$$y=\boxed{-3}x+9 \quad と \quad y=\boxed{24}x+9$$

である．

33

ア=4，イ=4，ウ=4，エ=2，オカ=74，キク=27，ケコ=−2，サ=1，シ=3，ス=2，セソ=−1，タ=3，チ=2，ツ=3.

(1) 2倍角の公式より

$$\cos 2\theta=1-2\sin^2\theta.$$

3倍角の公式より

$$\sin 3\theta=-4\sin^3\theta+3\sin\theta.$$

よって，

$$f(\theta)=(-4\sin^3\theta+3\sin\theta)+2(1-2\sin^2\theta)+\sin\theta$$
$$=-4\sin^3\theta-4\sin^2\theta+4\sin\theta+2.$$

(i) $x=\sin\theta$ とするとき，$f(\theta)$ を x の式で表すと

$$-\boxed{4}x^3-\boxed{4}x^2+\boxed{4}x+\boxed{2}.$$

(ii) θ が $0\leqq\theta<2\pi$ の範囲を動くとき

$$x=\sin\theta$$

のとり得る値の範囲は

$$-1\leqq x\leqq 1. \quad \cdots(*)$$

$$g(x)=-4x^3-4x^2+4x+2$$

とおいて，x が(*)の範囲を動くときの $g(x)$ の最大値，最小値を求めればよい．

$$g'(x)=-12x^2-8x+4=-4(3x^2+2x-1)$$
$$=-4(3x-1)(x+1).$$

$g(x)$ の増減表を作ると次のようになる．

⬅$\sin 3\theta$
$=\sin(\theta+2\theta)$
$=\sin\theta\cos 2\theta+\cos\theta\sin 2\theta$
$=\sin\theta\times(1-2\sin^2\theta)+\cos\theta\cdot 2\sin\theta\times\cos\theta$
$=\sin\theta\times(1-2\sin^2\theta)+2\sin\theta\times(1-\sin^2\theta)$
$=-4\sin^3\theta+3\sin\theta.$

x	-1	$\cdots$	$\frac{1}{3}$	$\cdots$	1
$g'(x)$	0	$+$	0	$-$	
$g(x)$	-2	↗	$\frac{74}{27}$	↘	-2

$$\left[\begin{array}{l} g(-1)=4-4-4+2=-2, \\ g\left(\frac{1}{3}\right)=-\frac{4}{27}-\frac{4}{9}+\frac{4}{3}+2=\frac{74}{27}, \\ g(1)=-4-4+4+2=-2. \end{array}\right]$$

よって，$g(x)$ すなわち $f(\theta)$ の最大値は $\dfrac{\boxed{74}}{\boxed{27}}$ で，最小値は $\boxed{-2}$ である．

(2)

$$f(x)=x^3-3a^2x,$$
$$f'(x)=3x^2-3a^2=3(x^2-a^2)$$
$$=3(x+a)(x-a).$$

$a>0$ に注意して $f(x)$ の増減表を作ると，

x	$\cdots$	$-a$	$\cdots$	a	$\cdots$
$f'(x)$	$+$	0	$-$	0	$+$
$f(x)$	↗	極大	↘	極小	↗

極大値：$f(-a)=(-a)^3-3a^2\cdot(-a)=2a^3$,

極小値：　$f(a)=-2a^3$,

いま，方程式 $f(x)=f(-a)$，すなわち

$$x^3-3a^2x-2a^3=0$$

の実数解を求める．左辺を因数分解して

$$(x+a)^2(x-2a)=0.$$

これより，　　$x=-a$（重解），$2a$.

以上に留意して曲線 $y=f(x)$ の概形を描くと次のようになる．

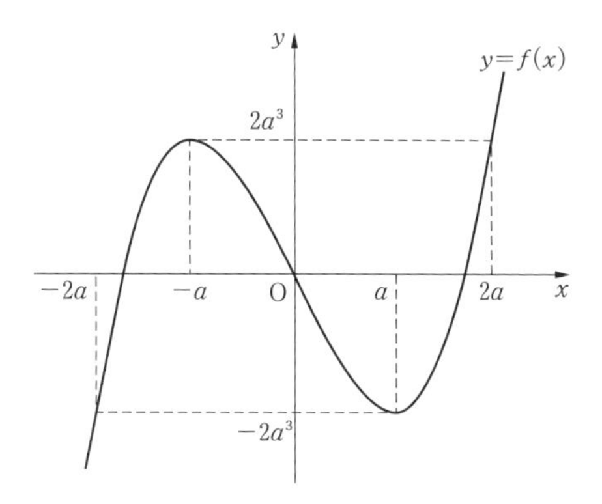

⬅曲線 $y=f(x)$ は原点に関して対称.

よって,

$2a<1$, すなわち $0<a<\dfrac{1}{2}$ のとき, $M=f(1)=1-3a^2$,

$a<1\leqq 2a$, すなわち $\dfrac{1}{2}\leqq a<1$ のとき, $M=f(-a)=2a^3$,

$1\leqq a$ のとき, $M=f(-1)=-1+3a^2$.

まとめると,

$$M=\begin{cases} \boxed{1}-\boxed{3}\,a^2 & \left(0<a<\dfrac{1}{2}\text{ のとき}\right), \\ \boxed{2}\,a^3 & \left(\dfrac{1}{2}\leqq a<1\text{ のとき}\right), \\ \boxed{-1}+\boxed{3}\,a^2 & (1\leqq a\text{ のとき}). \end{cases}$$

すると, $0<a<1$ のとき $M<2$ であることがわかるので, $M=3$ となるような a の値は, $a\geqq 1$ のときである.

$$-1+3a^2=3 \quad \text{より} \quad a^2=\frac{4}{3}.$$

よって,

$$a=\frac{\boxed{2}}{\sqrt{\boxed{3}}}.$$

34

ア＝2，イウ＝16，エ＝2，オ＝8，カ＝3，キク＝−1，ケ＝2，コ＝2，サ＝2，シ＝3，ス＝4，セ＝6，ソ＝4，タ＝6，チ＝3.

(1) 一般に，実数 a に対して

$$|\boldsymbol{a}|=\begin{cases} \boldsymbol{a} & (\boldsymbol{a}\geqq 0\ \text{のとき}),\\ -\boldsymbol{a} & (\boldsymbol{a}<0\ \text{のとき}) \end{cases}$$

である.

⬅重要事項.

$$x^2-2\geqq 0 \iff x^2\geqq 2 \iff x\leqq -\sqrt{2},\ \sqrt{2}\leqq x$$

だから，

$$f(x)=\begin{cases} x^2-2 & (x\leqq -\sqrt{\boxed{2}},\ \sqrt{\boxed{2}}\leqq x\ \text{のとき}),\\ -x^2+2 & (-\sqrt{\boxed{2}}\leqq x\leqq \sqrt{\boxed{2}}\ \text{のとき}). \end{cases}$$

よって，$y=f(x)$ のグラフは次図の太線部分のようになる.

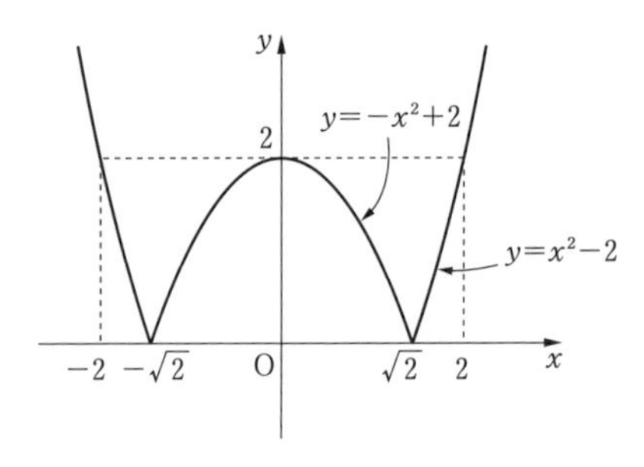

$y=f(x)$ のグラフは y 軸に関して対称であることに注意すると，

⬅このことを利用すると計算が楽になる.

$$\text{与式}=2\int_0^2|x^2-2|dx$$

$$=2\left\{\int_0^{\sqrt{2}}(-x^2+2)dx+\int_{\sqrt{2}}^2(x^2-2)dx\right\}$$

$$=2\left\{\left[-\frac{x^3}{3}+2x\right]_0^{\sqrt{2}}+\left[\frac{x^3}{3}-2x\right]_{\sqrt{2}}^2\right\}$$

$$=2\left\{\left(-\frac{2\sqrt{2}}{3}+2\sqrt{2}\right)+\left(\frac{8}{3}-4\right)-\left(\frac{2\sqrt{2}}{3}-2\sqrt{2}\right)\right\}$$

$$=2\left(-\frac{4\sqrt{2}}{3}+4\sqrt{2}-\frac{4}{3}\right)=2\left(\frac{8\sqrt{2}}{3}-\frac{4}{3}\right)$$

$$=\frac{\boxed{16}\sqrt{\boxed{2}}-\boxed{8}}{\boxed{3}}.$$

(2)

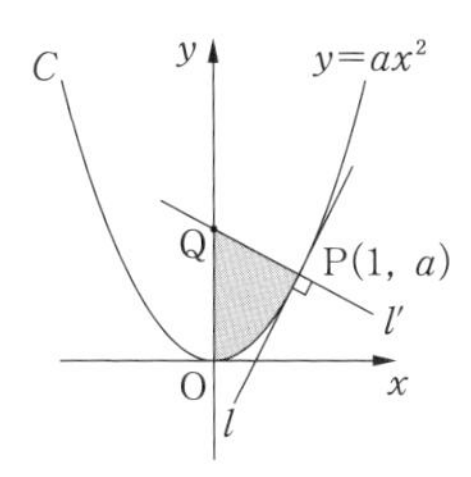

(i)　$y=ax^2$ より，$y'=2ax$．よって，l の傾きは $2a$．

$l'\perp l$ なので，l' の傾きは $-\frac{1}{2a}$．よって，l' の方程式は

$$y-a=-\frac{1}{2a}(x-1).$$

整理して，

$$y=\frac{\boxed{-1}}{\boxed{2}\,a}x+a+\frac{1}{\boxed{2}\,a}. \quad \cdots①$$

(ii)　① で $x=0$ とすると　$y=a+\frac{1}{2a}$．

これが点 Q の y 座標である．さて

←本問を解く際には不要である．

$$S(a)=\int_0^1\left(-\frac{1}{2a}x+a+\frac{1}{2a}-ax^2\right)dx$$

$$=\left[-\frac{1}{4a}x^2+\left(a+\frac{1}{2a}\right)x-\frac{1}{3}ax^3\right]_0^1$$

$$=-\frac{1}{4a}+\left(a+\frac{1}{2a}\right)-\frac{1}{3}a$$

$$=\frac{\boxed{2}}{\boxed{3}}a+\frac{1}{\boxed{4}\,a}.$$

ここに，$a>0$ なので，$\frac{2}{3}a>0$，$\frac{1}{4a}>0$.

よって，相加平均と相乗平均の大小関係により

$$\frac{2}{3}a+\frac{1}{4a}\geqq 2\sqrt{\frac{2}{3}a\times\frac{1}{4a}}=2\sqrt{\frac{1}{6}}.$$

←$a>0$, $b>0$ のとき $\frac{a+b}{2}\geqq\sqrt{ab}$（等号成立は，$a=b$ のとき）．

したがって，

$$S(a) \geqq \frac{2}{\sqrt{6}} = \frac{\sqrt{6}}{3}.$$

ここで，$S(a)=\dfrac{\sqrt{6}}{3}$ となるのは，$a>0$ なので

$$\frac{2}{3}a=\frac{1}{4a} \iff a^2=\frac{3}{8} \iff a=\frac{\sqrt{6}}{4}$$

のとき．以上から $S(a)$ は

$$a=\frac{\sqrt{\boxed{6}}}{\boxed{4}}$$ のとき，最小値 $$\frac{\sqrt{\boxed{6}}}{\boxed{3}}$$ をとる．

35

ア=1，イ=2，ウ=2，エオ=−2，カ=2，キ=6，ク=4，ケ=3.

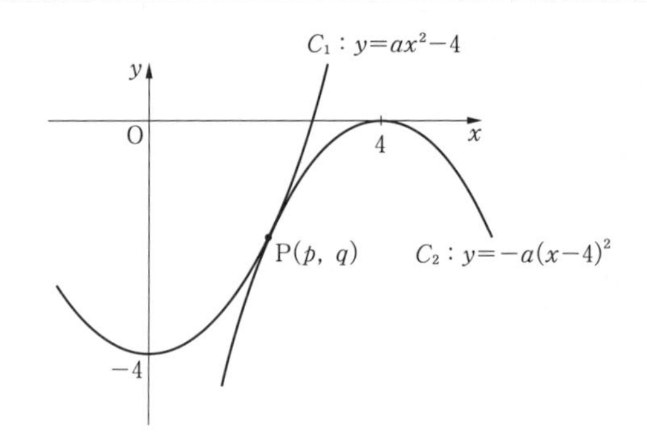

←このような概略図を描くことも大切なことです．

(1)　$C_1 : y=ax^2-4.$

これより，　$y'=2ax.$

$C_2 : y=-a(x-4)^2.$

変形して

$$y=-ax^2+8ax-16a.$$

これより，　$y'=-2ax+8a.$

点 $\mathrm{P}(p,\ q)$ における C_1 と C_2 の接線の傾きが等しいから

$$2ap=-2ap+8a.$$

変形して　$4ap=8a.$

これより，　　$p=2$.（∵　$a\neq0$.）

さて，点Pは放物線 C_1 上にあるから，

$$q=ap^2-4=4a-4.$$

また，点Pは放物線 C_2 上にもあるから，

$$q=-a(p-4)^2=-4a.$$

したがって，　　$4a-4=-4a$.

これより，　　$a=\dfrac{1}{2}$.

よって，　　$q=-2$.

以上から，

$$a=\frac{\boxed{1}}{\boxed{2}},\ p=\boxed{2},\ q=\boxed{-2}.$$

(2)　よって，C_1 の方程式は

$$y=\frac{1}{2}x^2-4.$$

これより，　　$y'=x$.

したがって，点P(2，−2)における C_1 の接線 l の方程式は

$$y=2(x-2)-2$$

すなわち，

$$y=\boxed{2}x-\boxed{6}.$$

(3)

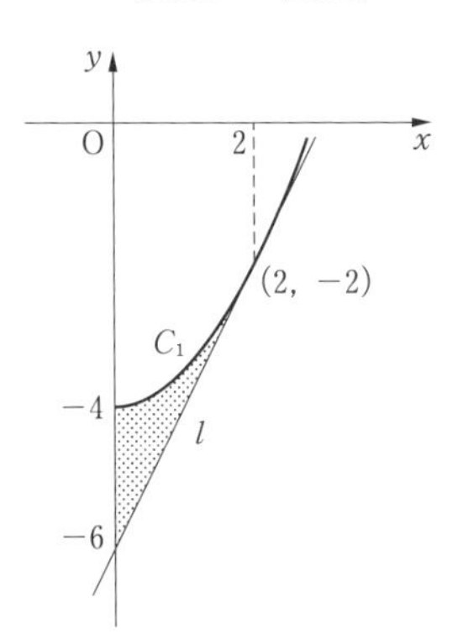

図の網目部分の面積を求めればよい．

求める面積を S とすると，

$$S=\int_0^2\left\{\left(\frac{1}{2}x^2-4\right)-(2x-6)\right\}dx$$

$$=\frac{1}{2}\int_0^2(x^2-4x+4)dx=\frac{1}{2}\int_0^2(x-2)^2dx$$

$$=\frac{1}{2}\left[\frac{(x-2)^3}{3}\right]_0^2=\frac{\boxed{4}}{\boxed{3}}.$$

⬅$\int(x+a)^n dx$
$=\frac{(x+a)^{n+1}}{n+1}+C$
（C：積分定数）.

36

アイウ＝−12，エオ＝24，カキ＝−2，ク＝1，ケコ＝−1，サ＝1，シス＝18.

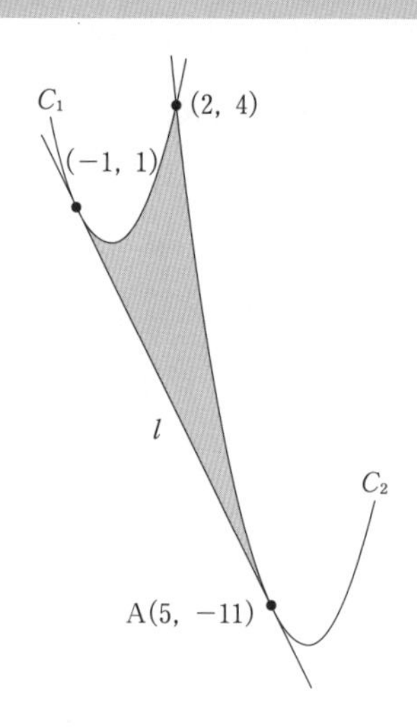

(1)　曲線 $C_2: y=x^2+ax+b$ が点 A$(5,\ -11)$ を通るので，

$$-11=5^2+5a+b \iff b=-5a-36 \qquad \cdots ①$$

が成り立つ．よって，

$$C_2: y=x^2+ax-5a-36.$$

これより，　$y'=2x+a.$

すると l の傾きは

$$2\times5+a=a+10.$$

よって，l の方程式は

$$y=(a+10)(x-5)-11$$

つまり

$$y=(a+10)x-5a-61. \qquad \cdots ②$$

これが放物線 $C_1: y=x^2$ に接するので，x の2次方程式

$$x^2=(a+10)x-5a-61 \iff x^2-(a+10)x+5a+61=0 \quad (*)$$

は重解をもつ．よって，「(*) の判別式」$=0$ より

$$(a+10)^2-4(5a+61)=0.$$

整理して

$$a^2-144=0.$$

よって，$\qquad a=\pm 12.$

$a<0$ なので $\qquad a=\boxed{-12}.$

このとき，① より

$$b=-5\times(-12)-36=\boxed{24}.$$

(2)　また，② より l の方程式は

$$y=\boxed{-2}x-\boxed{1}.$$

x の2次方程式(*)は

$$x^2+2x+1=0 \iff (x+1)^2=0$$

となり，$x=-1$ を重解にもつ．これが C_1 と l の接点の x 座標なので，接点の座標は

$$\left(\boxed{-1},\ \boxed{1}\right).$$

(3)　まず，C_1 と C_2 の交点の x 座標を求める．C_2 の方程式は

$$y=x^2-12x+24$$

となるので，x の方程式

$$x^2=x^2-12x+24$$

を解いて，$\qquad x=2.$

よって，

$$S=\int_{-1}^{2}\{x^2-(-2x-1)\}dx+\int_{2}^{5}\{(x^2-12x+24)-(-2x-1)\}dx$$

$$=\int_{-1}^{2}(x^2+2x+1)dx+\int_{2}^{5}(x^2-10x+25)dx$$

$$=\int_{-1}^{2}(x+1)^2dx+\int_{2}^{5}(x-5)^2dx$$

$$=\left[\frac{1}{3}(x+1)^3\right]_{-1}^{2}+\left[\frac{1}{3}(x-5)^3\right]_{2}^{5}$$

$$=\frac{1}{3}\times 3^3-0+0-\frac{1}{3}\times(-3)^3-9+9=\boxed{18}.$$

⬅放物線と直線が接するときは重解条件を利用するとよい．

⬅$\displaystyle\int(x+a)^2dx=\frac{1}{3}(x+a)^3+C$（$C$：積分定数）．

37

アイ＝−4，ウ＝8，エ＝4，オ＝8，カ＝8，キ＝8，ク＝0，ケ＝2，コ＝2，サ＝3，シ＝3，ス＝8，セソ＝16，タ＝3，チ＝9.

$$J(a)=3\int_0^2 x|x-a|dx$$

とおくと，

$$I(a)=2a+J(a).$$

(1) (i) $a\leqq 0$ のとき.

$0\leqq x\leqq 2$ において，

$$|x-a|=x-a$$

なので，

$$J(a)=3\int_0^2 x(x-a)dx=3\int_0^2(x^2-ax)dx$$

$$=3\left[\frac{1}{3}x^3-\frac{1}{2}ax^2\right]_0^2=3\left(\frac{8}{3}-2a\right)=8-6a.$$

これより，

$$I(a)=8-4a.$$

(ii) $0\leqq a\leqq 2$ のとき.

$0\leqq x\leqq a$ において，$|x-a|=-(x-a)$，

$a\leqq x\leqq 2$ において，$|x-a|=x-a$

なので，

$$J(a)=3\left\{\int_0^a -x(x-a)dx+\int_a^2 x(x-a)dx\right\}$$

$$=3\left\{\int_a^0(x^2-ax)dx+\int_a^2(x^2-ax)dx\right\}$$

$$=3\left\{\left[\frac{1}{3}x^3-\frac{1}{2}ax^2\right]_a^0+\left[\frac{1}{3}x^3-\frac{1}{2}ax^2\right]_a^2\right\}$$

$$=3\left\{0-\left(\frac{1}{3}a^3-\frac{1}{2}a^3\right)+\left(\frac{8}{3}-2a\right)-\left(\frac{1}{3}a^3-\frac{1}{2}a^3\right)\right\}$$

$$=3\left(\frac{1}{6}a^3+\frac{8}{3}-2a+\frac{1}{6}a^3\right)=a^3-6a+8.$$

これより，

$$I(a)=a^3-4a+8.$$

(iii) $2\leqq a$ のとき.

$0 \leqq x \leqq 2$ において，

$$|x-a|=-(x-a)$$

なので，

$$J(a)=3\int_0^2 -x(x-a)dx=3\int_2^0 (x^2-ax)dx$$

$$=3\left[\frac{1}{3}x^3-\frac{1}{2}ax^2\right]_2^0=3\left\{0-\left(\frac{8}{3}-2a\right)\right\}=6a-8.$$

これより，

$$I(a)=8a-8.$$

以上から，

$$I(a)=\begin{cases} \boxed{-4}\,a+\boxed{8} & (a \leqq \boxed{0} \text{ のとき}), \\ a^3-\boxed{4}\,a+\boxed{8} & (\boxed{0} \leqq a \leqq \boxed{2} \text{ のとき}), \\ \boxed{8}\,a-\boxed{8} & (\boxed{2} \leqq a \text{ のとき}). \end{cases}$$

(2)　$I(a)$ の増減表を作る．

$a<0$ のとき，$I'(a)=-4<0$.

$0<a<2$ のとき，$I'(a)=3a^2-4$.

$I'(a)=0$ とすると　$a^2=\frac{4}{3}$.　よって，　$a=\frac{2}{\sqrt{3}}$.

$a>2$ のとき，$I'(a)=8>0$.

$I(a)$ の増減表は次のようになる．

a	$\cdots$	0	$\cdots$	$\frac{2}{\sqrt{3}}$	$\cdots$	2	$\cdots$
$I'(a)$	$-$		$-$	0	$+$		$+$
$I(a)$	↘	8	↘	極小	↗	8	↗

この表から，$I(a)$ は，$a=\frac{2}{\sqrt{3}}=\frac{\boxed{2}\sqrt{\boxed{3}}}{\boxed{3}}$ のとき極小かつ最小となることがわかる．$I(a)$ の最小値は

$$I\left(\frac{2}{\sqrt{3}}\right)=\left(\frac{2}{\sqrt{3}}\right)^3-4\times\frac{2}{\sqrt{3}}+8$$

$$=\frac{8}{3\sqrt{3}}-\frac{8}{\sqrt{3}}+8=8-\frac{16}{3\sqrt{3}}$$

$$=\boxed{8}-\frac{\boxed{16}\sqrt{\boxed{3}}}{\boxed{9}}.$$

38

ア=1, イ=2, ウ=1, エ=1, オ=3, カ=7, キ=3, ク=8, ケ=3, コサ=31, シス=93, セソ=54.

(1) $a=\int_0^1 t(3t+b)dt=\int_0^1(3t^2+bt)dt=\left[t^3+\frac{1}{2}bt^2\right]_0^1$

$$=1+\frac{1}{2}b=\frac{\boxed{1}}{\boxed{2}}b+\boxed{1},$$

$$b=\int_0^1(t^2+a)dt=\left[\frac{1}{3}t^3+at\right]_0^1=\frac{1}{3}+a$$

$$=a+\frac{\boxed{1}}{\boxed{3}}$$

を得る．これより

$$a=\frac{\boxed{7}}{\boxed{3}},\quad b=\frac{\boxed{8}}{\boxed{3}}$$

であることがわかる．よって，

$$f(x)=x^2+\frac{7}{3},\quad g(x)=3x+\frac{8}{3}$$

である．

(2) 放物線 $y=f(x)$ と直線 $y=g(x)$ の交点の x 座標を求める．

方程式 $f(x)=g(x) \iff x^2+\frac{7}{3}=3x+\frac{8}{3}$

$$\iff x^2-3x-\frac{1}{3}=0$$

$$\iff 3x^2-9x-1=0$$

を解いて，

$$x=\frac{9\pm\sqrt{81+12}}{6} \quad つまり \quad x=\frac{9\pm\sqrt{93}}{6}.$$

$\alpha=\frac{9-\sqrt{93}}{6}$, $\beta=\frac{9+\sqrt{93}}{6}$ とおく．

題意の図形の概形は，次図の斜線部分である．

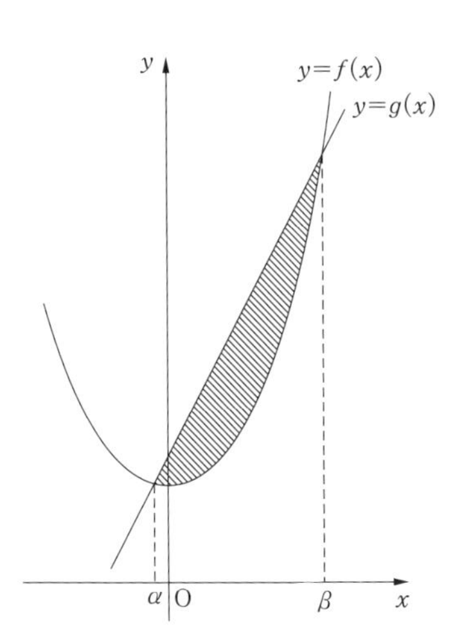

この部分の面積を S とすると，

$$S=\int_{\alpha}^{\beta}\{g(x)-f(x)\}dx=-\int_{\alpha}^{\beta}\left(x^2-3x-\frac{1}{3}\right)dx$$

$$=-\int_{\alpha}^{\beta}(x-\alpha)(x-\beta)dx=\frac{1}{6}(\beta-\alpha)^3$$

⬅下記公式参照.

$$=\frac{1}{6}\left(\frac{\sqrt{93}}{3}\right)^3=\frac{1}{6}\times\frac{93\sqrt{93}}{27}=\frac{\boxed{31}\sqrt{\boxed{93}}}{\boxed{54}}.$$

$-\frac{1}{6}(\beta-\alpha)^3$ の公式

α，β を定数とすると

$$\int_{\alpha}^{\beta}(x-\alpha)(x-\beta)dx=-\frac{1}{6}(\beta-\alpha)^3.$$

⬅重要公式.

第6章　数　列

39

アイ=73，ウエ=−3，オカ=−3，キク=76，ケコ=26，サ=4，シ=3，ス=4，セ=3.

(1)　等差数列 $\{a_n\}$ の初項を a，公差を d とすると

$$a_n=a+(n-1)d \quad (n=1,\ 2,\ 3,\ \cdots)$$

と表せる．与えられた条件により　$a_2=70$，$a_7=55$　だから

$$\begin{cases} a+d=70, \\ a+6d=55. \end{cases}$$

これより　$a=\boxed{73}$，$d=\boxed{-3}$

を得る．よって

$$a_n=73+(n-1)\times(-3)=\boxed{-3}\,n+\boxed{76}.$$

すると

$$a_n<0 \iff -3n+76<0 \iff \frac{76}{3}<n$$

で，ここに　$\dfrac{76}{3} \fallingdotseq 25.3$

だから　$a_n<0$ を満たす最小の自然数 n は　$\boxed{26}$　である．

(2)　等比数列 $\{b_n\}$ の初項を b，公比を r とすると

$$b_n=b\cdot r^{n-1} \quad (n=1,\ 2,\ 3,\ \cdots)$$

と表せる．与えられた条件により

$$\begin{cases} b+br+br^2=52, \\ b+br+br^2+br^3+br^4+br^5=1456. \end{cases}$$

これより

$$\begin{cases} b+br+br^2=52, & \cdots ① \\ br^3+br^4+br^5=1404. & \cdots ② \end{cases}$$

② より　$(b+br+br^2)r^3=1404.$

これと ① から　$52r^3=1404.$

これより，　$r^3=\dfrac{1404}{52}=27.$

⬅等差数列では初項と公差に着目する．

⬅等比数列では初項と公比に着目する．

r は実数だから　　　$r=3$.

すると ① より　　　$13b=52$.

これより,　　　$b=4$.

よって, 初項は $\boxed{4}$ で公比は $\boxed{3}$ である. したがって

$$b_n=\boxed{4}\cdot\boxed{3}^{n-1}$$

である.

⬅実数からなる等比数列においては, 公比は実数である.

40

アイ＝15, ウエオ＝750, カキ＝26, クケコサ＝3900, シス＝17, セソタチ＝2550, ツテトナ＝5250.

(1) 1 から 100 までの自然数のうち, 7 で割ると 1 余る数を順に書き並べると

$$1,\ 8,\ 15,\ \cdots,\ 92,\ 99$$

つまり,

$$7\cdot0+1,\ 7\cdot1+1,\ 7\cdot2+1,\ \cdots,\ 7\cdot13+1,\ 7\cdot14+1$$

である. これらは全部で $\boxed{15}$ 個あり初項が 1, 公差が 7, 項数が 15 の等差数列をなしている. よって, 求める和は

$$\frac{1}{2}\times15\times(1+99)=15\times50=\boxed{750}$$

である.

⬅$7k+1$ の形をしている.

⬅等差数列の和の公式を利用している.

(2) (i) 100 から 200 までの整数のうち, 4 の倍数を順に書き並べると

$$4\cdot25,\ 4\cdot26,\ 4\cdot27,\ \cdots,\ 4\cdot49,\ 4\cdot50$$

である. これらは全部で $50-25+1=\boxed{26}$ 個あり, 初項が 100, 公差が 4, 項数が 26 の等差数列をなしている. よってこれらの和 S_1 は

$$S_1=\frac{1}{2}\times26\times(100+200)=13\times300=\boxed{3900}$$

である.

⬅ $4k$ の形をしている.

(ii) 100 から 200 までの整数のうち, 6 の倍数を順に書き並べると

$$6\cdot17,\ 6\cdot18,\ 6\cdot19,\ \cdots,\ 6\cdot32,\ 6\cdot33$$

⬅ $6k$ の形をしている.

である．これらは全部で $33-17+1=\boxed{17}$ 個あり，初項が 102，公差が 6，項数が 17 の等差数列をなしている．よってこれらの和 S_2 は

$$S_2=\frac{1}{2}\times17\times(102+198)=17\times150=\boxed{2550}$$

である．

4と6の最小公倍数は 12 である．12 の倍数を考える．

← 4の倍数であり，かつ6の倍数であるものは 12 の倍数である．

100 から 200 までの整数のうち，12 の倍数を順に書き並べると

$$12\cdot9,\ 12\cdot10,\ 12\cdot11,\ \cdots,\ 12\cdot15,\ 12\cdot16$$

← $12k$ の形をしている．

である．これらは，初項が 108，公差が 12，項数が $16-9+1=8$ の等差数列をなしている．よってこれらの和 S_3 は

$$S_3=\frac{1}{2}\times8\times(108+192)=4\times300=1200$$

である．

4または6の倍数の和を S とすると

$$S=S_1+S_2-S_3=3900+2550-1200=\boxed{5250}$$

である．

← $n(A\cup B)$
$=n(A)+n(B)$
$-n(A\cap B)$
を念頭においている．

41

ア＝1，イ＝1，ウ＝3，エ＝1，オ＝3，カ＝9，キ＝8，ク＝1，ケ＝9.

まず，$\angle\mathrm{XOY}=2\alpha$ $(0^\circ<\alpha<45^\circ)$ の場合で考えてみる．

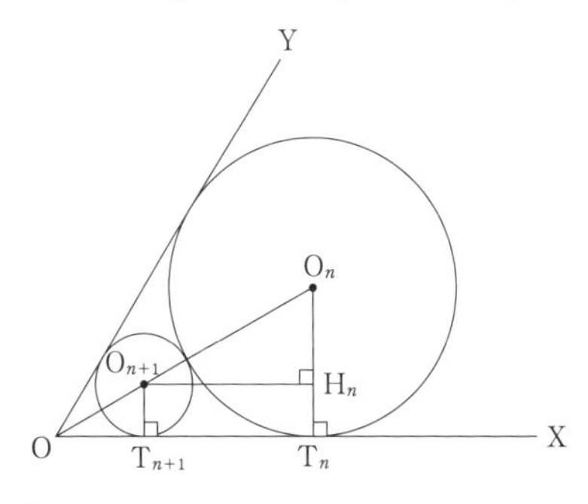

← 2円が接しているとき，中心を結ぶ直線上に2円の接点が存在する．

図において，

$$\mathrm{O}_n\mathrm{T}_n = r_n, \quad \mathrm{O}_{n+1}\mathrm{T}_{n+1} = r_{n+1}$$

なので，

$$\mathrm{O}_n\mathrm{H}_n = r_n - r_{n+1}, \quad \mathrm{O}_n\mathrm{O}_{n+1} = r_n + r_{n+1}$$

が成り立つ．

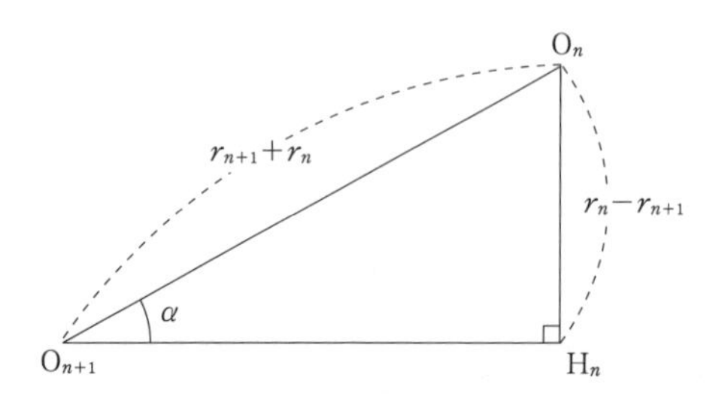

⬅直角三角形をとり出して考える．

$\angle \mathrm{O}_n\mathrm{O}_{n+1}\mathrm{H}_n = \alpha$ だから，　$r_n - r_{n+1} = (r_n + r_{n+1})\sin\alpha$.

⬅三角比の定義を利用している．

変形して，　$(1+\sin\alpha)r_{n+1} = (1-\sin\alpha)r_n$.

よって，　$r_{n+1} = \dfrac{1-\sin\alpha}{1+\sin\alpha} r_n \quad (n=1,\ 2,\ 3,\ \cdots)$.

これは数列 $\{r_n\}$ が，初項 r_1，公比 $\dfrac{1-\sin\alpha}{1+\sin\alpha}$ の等比数列であることを示す．

これより，

$$r_n = \left(\frac{1-\sin\alpha}{1+\sin\alpha}\right)^{n-1} \cdot r_1.$$

(1)　本問では $\alpha=30°$ となるので，$\sin\alpha = \dfrac{1}{2}$．すると，

$$\frac{1-\sin\alpha}{1+\sin\alpha} = \frac{1-\frac{1}{2}}{1+\frac{1}{2}} = \frac{1}{3}.$$

よって，数列 r_1, r_2, r_3, $\cdots$ は初項が $r_1 = \boxed{1}$ で，公比が $\dfrac{\boxed{1}}{\boxed{3}}$ の等比数列をなすので，その第 n 項は　$r_n = \left(\dfrac{\boxed{1}}{\boxed{3}}\right)^{n-1}$

と表される．

(2)

$$A_n = \pi(r_n)^2 = \pi\left(\frac{1}{3}\right)^{2(n-1)} = \pi\left(\frac{1}{9}\right)^{n-1} \quad (n=1,\ 2,\ 3,\ \cdots).$$

よって，数列 $\{A_n\}$ は初項 $A_1(=\pi)$，公比 $\frac{1}{9}$ の等比数列をなしていることがわかる．

$$S_n=A_1+A_2+A_3+\cdots+A_n$$
$$=\pi\left\{1+\frac{1}{9}+\left(\frac{1}{9}\right)^2+\cdots+\left(\frac{1}{9}\right)^{n-1}\right\}$$
$$=\pi\cdot\frac{1-\left(\frac{1}{9}\right)^n}{1-\frac{1}{9}}=\frac{\boxed{9}}{\boxed{8}}\left\{1-\left(\frac{\boxed{1}}{\boxed{9}}\right)^n\right\}\pi.$$

42

アイ＝50，ウエ＝51，オカ＝50，キクケ＝101，コサ＝49.

(1) $$\sum_{k=1}^{50}\frac{1}{k(k+1)}=\sum_{k=1}^{50}\left(\frac{1}{k}-\frac{1}{k+1}\right)$$
$$=\left(\frac{1}{1}-\frac{1}{2}\right)+\left(\frac{1}{2}-\frac{1}{3}\right)+\left(\frac{1}{3}-\frac{1}{4}\right)+\cdots+\left(\frac{1}{50}-\frac{1}{51}\right)$$
$$=1-\frac{1}{51}=\frac{\boxed{50}}{\boxed{51}}$$

である．また，

$$\sum_{k=1}^{50}\frac{1}{(2k-1)(2k+1)}=\frac{1}{2}\sum_{k=1}^{50}\left(\frac{1}{2k-1}-\frac{1}{2k+1}\right)$$
$$=\frac{1}{2}\left\{\left(\frac{1}{1}-\frac{1}{3}\right)+\left(\frac{1}{3}-\frac{1}{5}\right)+\left(\frac{1}{5}-\frac{1}{7}\right)+\cdots+\left(\frac{1}{99}-\frac{1}{101}\right)\right\}$$
$$=\frac{1}{2}\left(1-\frac{1}{101}\right)=\frac{1}{2}\times\frac{100}{101}=\frac{\boxed{50}}{\boxed{101}}$$

である．

(2) $$\frac{1}{\sqrt{2k-1}+\sqrt{2k+1}}$$
$$=\frac{\sqrt{2k-1}-\sqrt{2k+1}}{(\sqrt{2k-1}+\sqrt{2k+1})(\sqrt{2k-1}-\sqrt{2k+1})}$$
$$=\frac{\sqrt{2k-1}-\sqrt{2k+1}}{(2k-1)-(2k+1)}=-\frac{1}{2}(\sqrt{2k-1}-\sqrt{2k+1})$$

⇐分母を有理化しようとしている．

だから

$$\sum_{k=1}^{4900}\frac{1}{\sqrt{2k-1}+\sqrt{2k+1}}=-\frac{1}{2}\sum_{k=1}^{4900}(\sqrt{2k-1}-\sqrt{2k+1})$$

$$=-\frac{1}{2}\{(\sqrt{1}-\sqrt{3})+(\sqrt{3}-\sqrt{5})+(\sqrt{5}-\sqrt{7})+\cdots+(\sqrt{9799}-\sqrt{9801})\}$$

$$=-\frac{1}{2}(1-\sqrt{9801})=\frac{1}{2}(\sqrt{9801}-1)$$

$$=\frac{1}{2}(99-1)=\boxed{49}$$

である.

⇐$99^2=9801$.

43

ア=1, イ=2, ウ=1, エ=2, オ=1, カキ=11.

(1) $S_n=1\cdot1+2\cdot2+3\cdot2^2+\cdots+n\cdot2^{n-1}$. …①

①の両辺に 2 を掛けて

$2S_n=\quad 1\cdot2+2\cdot2^2+\cdots+(n-1)\cdot2^{n-1}+n\cdot2^n$. …②

①−②を作って

$$S_n-2S_n=1\cdot1+1\cdot2+1\cdot2^2+\cdots+1\cdot2^{n-1}-n\cdot2^n$$
$$=\boxed{1}+2+2^2+\cdots+2^{n-1}-n\cdot\boxed{2}^n.$$

⇐等比数列の和を計算する際の手順を念頭におくとよい.

これより,

$$-S_n=\frac{1-2^n}{1-2}-n\cdot2^n$$
$$=2^n-1-n\cdot2^n$$
$$=-(n-1)\cdot2^n-1.$$

よって,

$$S_n=(n-\boxed{1})\cdot\boxed{2}^n+\boxed{1}$$

となる.

(2) 数列 $\{S_n\}$ は n の単調増加数列である.

⇐$S_1<S_2<S_3<\cdots$.

(1) の結果を利用すると

$$S_{10}=9\cdot2^{10}+1=9\cdot1024+1=9217,$$
$$S_{11}=10\cdot2^{11}+1=10\cdot2048+1=20481$$

なので,

$$S_n>20000$$

を満たす最小の自然数 n は $\boxed{11}$ である．

44

アイ＝36，ウエ＝−2，オカ＝37，キク＝19，ケコサ＝469．

$$\begin{aligned} a_1 &= S_1 \\ &= -1^2+36\cdot 1+1=\boxed{36} \end{aligned}$$

であり，$n \geqq 2$ のとき

$$\begin{aligned} a_n &= S_n - S_{n-1} \\ &= (-n^2+36n+1)-\{-(n-1)^2+36(n-1)+1\} \\ &= -\{n^2-(n-1)^2\}+36\{n-(n-1)\} \\ &= -(2n-1)+36=\boxed{-2}\,n+\boxed{37} \end{aligned}$$

である．

⬅$n=1$ のときは不成立．

$a_n<0$ を満たす自然数 n の値の範囲を求めるには，$a_1>0$ なので　$n \geqq 2$　の下で考えればよい．この下で，

$$\begin{aligned} a_n<0 &\iff -2n+37<0 \\ &\iff n>\frac{37}{2}\ \ (=18.5) \end{aligned}$$

より

$$n \geqq \boxed{19}.$$

よって，

$$|a_n|=\begin{cases} a_n & (1 \leqq n \leqq 18 \text{ のとき}), \\ -a_n & (n \geqq 19 \text{ のとき}) \end{cases}$$

となるので

$$\begin{aligned} \sum_{k=1}^{30}|a_k| &= \sum_{k=1}^{18}a_k+\sum_{k=19}^{30}(-a_k)=S_{18}+\sum_{k=19}^{30}(2k-37) \\ &= (-18^2+36\cdot 18+1)+\frac{1}{2}\cdot 12\cdot(1+23) \\ &= 18\cdot(-18+36)+1+12\cdot 12 \\ &= 18^2+1+12^2=324+1+144=\boxed{469} \end{aligned}$$

である．

45

アイ＝20，ウ＝3，エオカ＝193，キク＝13，ケコ＝20，サシスセ＝2181，
ソタ＝20.

k 番目の区画には，分母が k で分子が 1 から k までの自然数であるような k 個の分数

$$\frac{1}{k},\ \frac{2}{k},\ \frac{3}{k},\ \cdots,\ \frac{k}{k}$$

が属している.

(1) $\frac{3}{20}$ は $\boxed{20}$ 番目の区画の中で $\boxed{3}$ 番目にある.

$a_N=\frac{3}{20}$ とすると，

$$N=(1+2+3+\cdots+19)+3=\frac{1}{2}\cdot19\cdot20+3=193$$

であるから，数列 $\{a_n\}$ の第 $\boxed{193}$ 項である.

(2) (1) の結果により

$$a_{193}=\frac{3}{20}$$

であり，
$$203-193=10$$

なので
$$a_{203}=\frac{3+10}{20}=\frac{\boxed{13}}{\boxed{20}}$$
である.

ところで，k 番目の区画に属している分数の和を S_k とすると

$$S_k=\frac{1}{k}+\frac{2}{k}+\frac{3}{k}+\cdots+\frac{k}{k}=\frac{1}{k}(1+2+3+\cdots+k)$$

$$=\frac{1}{k}\cdot\frac{1}{2}k(k+1)=\frac{1}{2}(k+1)$$

であるので，

$$\sum_{k=1}^{203}a_k=\sum_{k=1}^{19}S_k+\left(\frac{1}{20}+\frac{2}{20}+\frac{3}{20}+\cdots+\frac{13}{20}\right)$$

$$=\frac{1}{2}\sum_{k=1}^{19}(k+1)+\frac{1}{20}(1+2+3+\cdots+13)$$

$$=\frac{1}{2}\cdot\frac{1}{2}\cdot19\cdot(2+20)+\frac{1}{20}\cdot\frac{1}{2}\cdot13\cdot(1+13)$$

⬅ $\sum_{k=1}^{19}S_k$ は 1 番目の区画から 19 番目の区画に属している分数の総和を表している.

$$=\frac{1}{2}\cdot 19\cdot 11+\frac{1}{20}\cdot 13\cdot 7=\frac{\boxed{2181}}{\boxed{20}}$$

である.

46

アイ＝−3, ウ＝2, エ＝3, オ＝2, カ＝1, キ＝2, ク＝2, ケ＝7, コ＝3, サ＝2, シ＝②.

$$S_n=3a_n+2n+1. \quad \cdots(*)$$

$a_1=S_1$ であるから, $(*)$ より　$a_1=3a_1+2+1$　が成り立つ.

←$a_1=S_1$.

これより

$$a_1=\frac{\boxed{-3}}{\boxed{2}}$$

を得る.

次に, $(*)$ において n の代わりに $n+1$ として

$$S_{n+1}=3a_{n+1}+2(n+1)+1. \quad \cdots(**)$$

$(**)$ と $(*)$ の差を考えて

$$S_{n+1}-S_n=3(a_{n+1}-a_n)+2.$$

ここに,

$$a_{n+1}=S_{n+1}-S_n$$

であるから, 上式より

$$a_{n+1}=3(a_{n+1}-a_n)+2.$$

これより

$$a_{n+1}=\frac{\boxed{3}}{\boxed{2}}a_n-\boxed{1} \quad \cdots①$$

を得る. ところで, 数列 $\{a_n-\alpha\}$ が公比 $\frac{3}{2}$ の等比数列となるとき,

$$a_{n+1}-\alpha=\frac{3}{2}(a_n-\alpha)$$

が成り立つ. 変形すると

$$a_{n+1}=\frac{3}{2}a_n-\frac{1}{2}\alpha.$$

これが ① に一致するので

$$-\frac{1}{2}\alpha=-1.$$

これより，

$$\alpha=\boxed{2}.$$

よって，数列 $\{a_n-2\}$ は初項が $a_1-2=-\frac{3}{2}-2=-\frac{7}{2}$ で，公比が $\frac{3}{2}$ の等比数列であるので

$$a_n-2=-\frac{7}{2}\left(\frac{3}{2}\right)^{n-1}.$$

すると，

$$a_n=2-\frac{7}{3}\cdot\frac{3}{2}\left(\frac{3}{2}\right)^{n-1}$$

$$=\boxed{2}-\frac{\boxed{7}}{3}\left(\frac{\boxed{3}}{\boxed{2}}\right)^{n}.$$

よって，$\boxed{\text{シ}}$ には n，つまり $\boxed{②}$ が当てはまる．

第７章　統計的な推測

47

ア＝4，イウ＝35，エオ＝18，カキ＝12，ク＝1，ケ＝9，コ＝7，サシ＝24，スセ＝49.

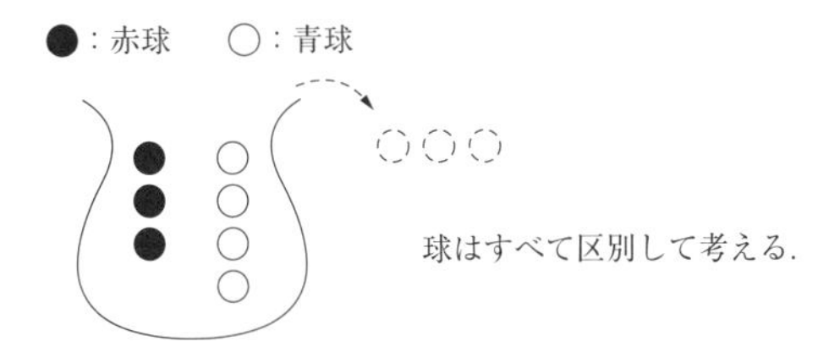

袋から 3 個の球を同時に取り出すとき，取り出し方は全部で

$${}_7C_3=\frac{7\cdot6\cdot5}{3\cdot2\cdot1}=35\ (\text{通り})$$

あり，これらは同様に確からしい.

X の値は 0，1，2，3 のいずれかである．それぞれの値をとる確率を求める.

$X=0$ となるのは，3 個すべて青球を取り出すときであるから

$$P(X=0)=\frac{{}_3C_0\times{}_4C_3}{{}_7C_3}=\frac{1\times4}{35}=\frac{\boxed{4}}{\boxed{35}}.$$

$X=1$ となるのは，赤球 1 個と青球 2 個を取り出すときであるから

$$P(X=1)=\frac{{}_3C_1\times{}_4C_2}{{}_7C_3}=\frac{3\times6}{35}=\frac{\boxed{18}}{35}.$$

$X=2$ となるのは，赤球 2 個と青球 1 個を取り出すときであるから

$$P(X=2)=\frac{{}_3C_2\times{}_4C_1}{{}_7C_3}=\frac{3\times4}{35}=\frac{\boxed{12}}{35}.$$

$X=3$ となるのは，3 個すべて赤球を取り出すときであるから

$$P(X=3)=\frac{{}_3C_3\times{}_4C_0}{{}_7C_3}=\frac{1\times1}{35}=\frac{\boxed{1}}{35}.$$

確率変数の平均 $E(X)$, 分散 $V(X)$

確率変数 X が次の表に示された確率分布に従うとする.

X	x_1	x_2	$\cdots$	x_n	計
P	p_1	p_2	$\cdots$	p_n	1

$$E(X)=x_1p_1+x_2p_2+\cdots+x_np_n.$$

$m=E(X)$ とする.

$$\begin{aligned}V(X)&=E((X-m)^2)\\&=(x_1-m)^2p_1+(x_2-m)^2p_2+\cdots+(x_n-m)^2p_n\\&=E(X^2)-m^2=E(X^2)-\{E(X)\}^2.\end{aligned}$$

$$\begin{aligned}E(X)&=0\times\frac{4}{35}+1\times\frac{18}{35}+2\times\frac{12}{35}+3\times\frac{1}{35}\\&=\frac{0+18+24+3}{35}=\frac{\boxed{9}}{\boxed{7}}.\end{aligned}$$

X^2 の平均（期待値）は

$$\begin{aligned}E(X^2)&=0^2\times\frac{4}{35}+1^2\times\frac{18}{35}+2^2\times\frac{12}{35}+3^2\times\frac{1}{35}\\&=\frac{0+18+48+9}{35}=\frac{15}{7}\end{aligned}$$

であるから

$$\begin{aligned}V(X)&=E(X^2)-\{E(X)\}^2\\&=\frac{15}{7}-\left(\frac{9}{7}\right)^2=\frac{\boxed{24}}{\boxed{49}}\end{aligned}$$

である.

48

ア=1, イ=6, ウ=3, エ=4, オ=3, カ=3.

袋の中にある球について, 赤球が x 個, 白球が y 個であることを $(x,\ y)$ で表すことにする.

$(x,\ y)$ の推移は次のようになる.

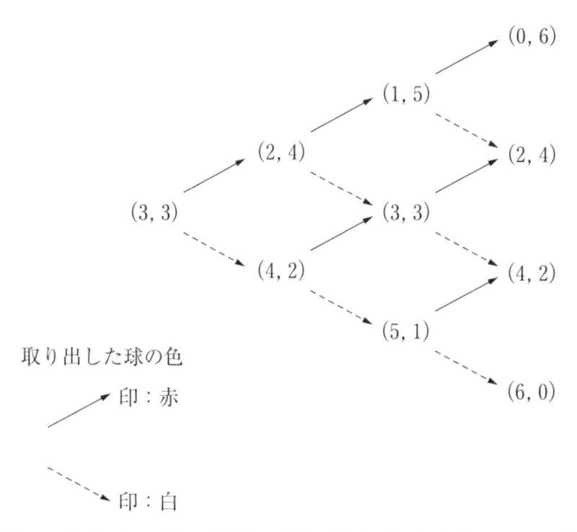

(1)　$X=1$ となるのは，㊁㊁の順に取り出すときであるから

$$P(X=1)=\frac{3}{6}\times\frac{2}{6}=\frac{\boxed{1}}{\boxed{6}}. \quad \cdots ①$$

(2)　X のとり得る値は 1，3，5 である．

$X=3$ となるのは，㊁㊉の順または㊉㊁の順に取り出すときであるから

$$P(X=3)=\frac{3}{6}\times\frac{4}{6}+\frac{3}{6}\times\frac{4}{6}=\frac{2}{3} \quad \cdots ②$$

である．

$X=5$ となるのは，㊉㊉の順に取り出すときであるから

$$P(X=5)=\frac{3}{6}\times\frac{2}{6}=\frac{1}{6} \quad \cdots ③$$

である．

よって，①，②，③ を用いると

$$E(X)=1\times\frac{1}{6}+3\times\frac{2}{3}+5\times\frac{1}{6}$$

$$=\frac{1+12+5}{6}=\boxed{3}$$

である．

⬅ $E(X)=$
$1\times P(X=1)$
$+3\times P(X=3)$
$+5\times P(X=5)$.

また

$$E(X^2)=1^2\times\frac{1}{6}+3^2\times\frac{2}{3}+5^2\times\frac{1}{6}$$

$$=\frac{1+36+25}{6}=\frac{31}{3}$$

であるから

$$V(X)=E(X^2)-\{E(X)\}^2$$

$$=\frac{31}{3}-3^2=\frac{\boxed{4}}{\boxed{3}}$$

である.

(3) Yのとり得る値は0, 2, 4, 6である.

$Y=0$となるのは，㊟㊟㊟の順に取り出すときであるから

$$P(Y=0)=\frac{3}{6}\times\frac{2}{6}\times\frac{1}{6}=\frac{1}{36}. \quad \cdots ④$$

$Y=2$となるのは，㊟㊟㊉，㊟㊉㊟，㊉㊟㊟のいずれかの順に取り出すときであるから

$$P(Y=2)=\frac{3}{6}\times\frac{2}{6}\times\frac{5}{6}+\frac{3}{6}\times\frac{4}{6}\times\frac{3}{6}+\frac{3}{6}\times\frac{4}{6}\times\frac{3}{6}$$

$$=\frac{17}{36}. \quad \cdots ⑤$$

$Y=4$となるのは，㊟㊉㊉，㊉㊟㊉，㊉㊉㊟のいずれかの順に取り出すときであるから

$$P(Y=4)=\frac{3}{6}\times\frac{4}{6}\times\frac{3}{6}+\frac{3}{6}\times\frac{4}{6}\times\frac{3}{6}+\frac{3}{6}\times\frac{2}{6}\times\frac{5}{6}$$

$$=\frac{17}{36}. \quad \cdots ⑥$$

$Y=6$となるのは，㊉㊉㊉の順に取り出すときであるから

$$P(Y=6)=\frac{3}{6}\times\frac{2}{6}\times\frac{1}{6}=\frac{1}{36}. \quad \cdots ⑦$$

よって，④，⑤，⑥，⑦を用いると

$$E(Y)=0\times\frac{1}{36}+2\times\frac{17}{36}+4\times\frac{17}{36}+6\times\frac{1}{36}$$

$$=\frac{108}{36}=\boxed{3}$$

である.

⬅ $E(Y)=$
$0\times P(Y=0)$
$+2\times P(Y=2)$
$+4\times P(Y=4)$
$+6\times P(Y=6).$

49

ア=2，イ=3，ウ=4，エ=1，オ=3，カ=②，キ=1，ク=6，ケ=1，コ=3，サ=3.

連続型確率変数 X の確率密度関数 $f(x)$ $(\alpha \leqq x \leqq \beta)$

・つねに $f(x) \geqq 0$.

・確率 $P(a \leqq X \leqq b)$ は図の斜線部分の面積に等しい，つまり

$$P(a \leqq X \leqq b) = \int_a^b f(x)dx.$$

・$\int_\alpha^\beta f(x)dx = 1$.

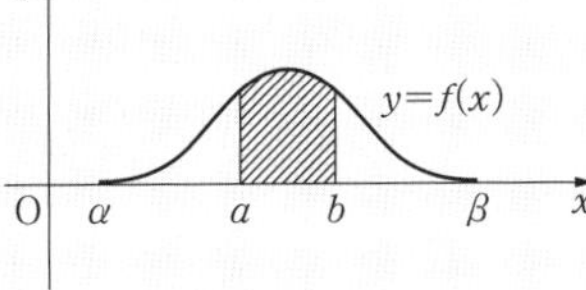

$$|x-3| = \begin{cases} -x+3 & (x \leqq 3 \text{ のとき}), \\ x-3 & (3 < x \text{ のとき}) \end{cases}$$

であるから

$$f(x) = \begin{cases} x - \boxed{2} & (2 \leqq x \leqq \boxed{3} \text{ のとき}), \\ \boxed{4} - x & (3 < x \leqq 4 \text{ のとき}) \end{cases}$$

と表される.

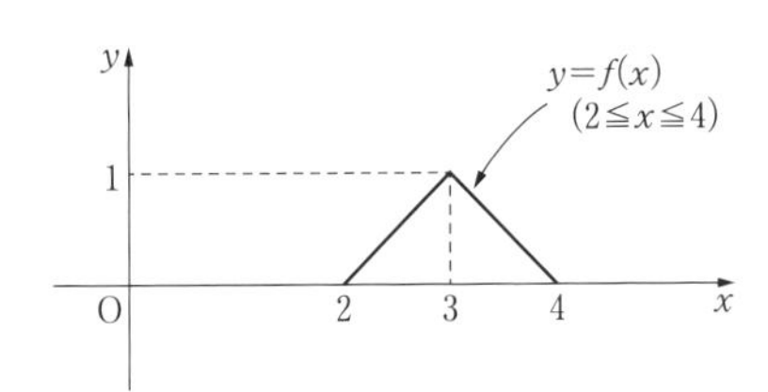

$\int_2^4 f(x)dx = \boxed{1}$ である.

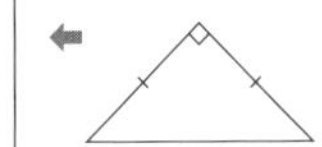

直角二等辺三角形の面積が1である.

X の平均（期待値）$E(X)$ を m とすると

$$m = \int_2^4 xf(x)dx$$

と定義される.

$$m=\int_2^4 xf(x)dx=\int_2^3 x(x-2)dx+\int_3^4 x(4-x)dx$$
$$=\int_2^3(x^2-2x)dx-\int_3^4(x^2-4x)dx$$
$$=\left[\frac{1}{3}x^3-x^2\right]_2^3-\left[\frac{1}{3}x^3-2x^2\right]_3^4$$
$$=(9-9)-\left(\frac{8}{3}-4\right)-\left(\frac{64}{3}-32\right)+(9-18)$$
$$=\boxed{3}$$

である.

X の分散 $V(X)$ は

$$V(X)=\int_2^4(x-m)^2f(x)dx$$

と定義される. 右辺を変形すると

$$V(X)=\int_2^4(x^2-2mx+m^2)f(x)dx$$
$$=\int_2^4 x^2f(x)dx-2m\int_2^4 xf(x)dx+m^2\int_2^4 f(x)dx$$

となる. ここで

$$\int_2^4 xf(x)dx=m,\ \int_2^4 f(x)dx=1$$

なので

$$V(X)=\int_2^4 x^2f(x)dx-2m\times m+m^2\times 1$$
$$=\int_2^4 x^2f(x)dx-m^2$$

を得る. よって, カ には ② が当てはまる.

すると

$$V(X)=\int_2^4 x^2f(x)dx-9$$

である. ここで

$$\int_2^4 x^2f(x)dx=\int_2^3 x^2(x-2)dx+\int_3^4 x^2(4-x)dx$$
$$=\int_2^3(x^3-2x^2)dx-\int_3^4(x^3-4x^2)dx$$
$$=\left[\frac{1}{4}x^4-\frac{2}{3}x^3\right]_2^3-\left[\frac{1}{4}x^4-\frac{4}{3}x^3\right]_3^4$$
$$=\frac{1}{4}(3^4-2^4)-\frac{2}{3}(3^3-2^3)-\frac{1}{4}(4^4-3^4)+\frac{4}{3}(4^3-3^3)$$

⬅ $\int x^3dx=\frac{1}{4}x^4+C$ (C：積分定数).

$$=\frac{1}{4}\times 65-\frac{2}{3}\times 19-\frac{1}{4}\times 175+\frac{4}{3}\times 37$$

$$=\frac{55}{6}$$

なので

$$V(X)=\frac{55}{6}-9=\frac{\boxed{1}}{\boxed{6}}$$

である．

$|X-3|\leqq c$ より $-c\leqq X-3\leqq c$ すなわち

$$3-c\leqq X\leqq 3+c$$

である．

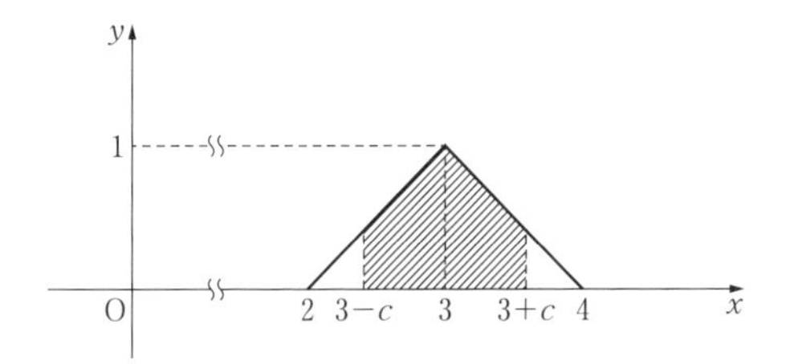

上図において，斜線を付けた五角形の面積が $\frac{2}{3}$ となるような c の値を求めればよい．上図が直線 $x=3$ に関して対称であることに注目する．

直角二等辺三角形の面積は

$\frac{1}{2}(1-c)^2$.

よって，$2\times\frac{1}{2}(1-c)^2=1-\frac{2}{3}$ つまり $(1-c)^2=\frac{1}{3}$ となる．

これより $1-c=\frac{1}{\sqrt{3}}$ となり，

$$c=1-\frac{1}{\sqrt{3}}=\boxed{1}-\frac{\sqrt{\boxed{3}}}{\boxed{3}}.$$

50

ア=2，イ=3，ウ=1，エ=3，オ=3，カ=3，キ=3，クケ=20，コサ=27，シ=3，ス=6.

1 個のさいころを投げたとき，

4 以下，つまり 1，2，3，4 のいずれかの目が出る確率は

$$\frac{4}{6}=\frac{2}{3},$$

5 以上，つまり 5，6 のいずれかの目が出る確率は

$$\frac{2}{6}=\frac{1}{3}$$

である．すると点 P が，

正の向きに 2 だけ進む確率は $\dfrac{\boxed{2}}{\boxed{3}}$ であり，

負の向きに 1 だけ進む確率は $\dfrac{\boxed{1}}{\boxed{3}}$ である．

1 個のさいころを投げる試行を 3 回繰り返したときの点 P の座標を X とする．

1 個のさいころを投げたとき，4 以下の目が出るという事象を A，5 以上の目が出るという事象を B とする．さいころを 3 回投げたとき，事象 A が起こる回数を a とすると，B が起こる回数は $\boxed{3}-a$ であるから，X を a を用いて表すと

$$\begin{aligned}X&=0+(+2)\times a+(-1)\times(3-a)\\&=\boxed{3}\,a-\boxed{3}\end{aligned}$$

⬅点 P は原点から出発する．

となる．

a のとり得る値は 0，1，2，3 である．すると，$X>0$ となるのは，$3a-3>0$ つまり $a>1$ となるときであるから，$a=2$，3 のときである．

$a=2$ のとき $X=3$ であるから

$$P(X=3)={}_3\mathrm{C}_2\left(\frac{2}{3}\right)^2\left(\frac{1}{3}\right)^1=3\times\frac{2^2}{3^3}=\frac{12}{27}.$$

⬅反復試行の確率．

また，$a=3$ のとき $X=6$ であるから

$$P(X=6)={}_3\mathrm{C}_3\left(\frac{2}{3}\right)^3\left(\frac{1}{3}\right)^0=1\times\left(\frac{2}{3}\right)^3=\frac{8}{27}.$$

よって

$$P(X>0)=P(X=3)+P(X=6)$$
$$=\frac{12}{27}+\frac{8}{27}=\frac{\boxed{20}}{\boxed{27}}$$

である．

また，$a=0$ のとき $X=-3$ となるので

$$P(X=-3)={}_3C_0\left(\frac{2}{3}\right)^0\left(\frac{1}{3}\right)^3=1\times\left(\frac{1}{3}\right)^3=\frac{1}{27}$$

であり，$a=1$ のとき $X=0$ となるので

$$P(X=0)={}_3C_1\left(\frac{2}{3}\right)^1\left(\frac{1}{3}\right)^2=3\times\frac{2}{3^3}=\frac{6}{27}$$

である．

X の確率分布は次のようになる．

X	-3	0	3	6	計
P	$\frac{1}{27}$	$\frac{6}{27}$	$\frac{12}{27}$	$\frac{8}{27}$	1

これより

$$E(X)=(-3)\times\frac{1}{27}+0\times\frac{6}{27}+3\times\frac{12}{27}+6\times\frac{8}{27}$$
$$=\frac{1}{27}\times(-3+0+36+48)=\boxed{3}$$

である．

また

$$E(X^2)=(-3)^2\times\frac{1}{27}+0^2\times\frac{6}{27}+3^2\times\frac{12}{27}+6^2\times\frac{8}{27}$$
$$=\frac{1}{3}+0+4+\frac{32}{3}$$
$$=15$$

である．

よって

$$V(X)=15-3^2$$
$$=\boxed{6}$$

である．

⬅$V(X)=E(X^2)-\{E(X)\}^2$.

51

ア$=1$，イ$=7$，ウエオ$=-30$，カ$=1$，キ$=3$，クケコ$=180$，サ$=1$，シ$=3$，スセ$=60$，ソタ$=40$，チ$=2$，ツテ$=10$.

〔1〕

確率変数 $aX+b$ の平均と分散

a，b を定数とするとき

$$E(aX+b)=aE(X)+b,$$
$$V(aX+b)=a^2V(X).$$

条件より　$E(X)=560$，$V(X)=4900$.　…①

$Y=aX+b$ なので

$$\begin{cases} E(Y)=aE(X)+b, \\ V(Y)=a^2V(X) \end{cases}$$

である．① を用いると

$$\begin{cases} E(Y)=a\times 560+b, \\ V(Y)=a^2\times 4900 \end{cases} \quad \cdots②$$

である．

⬅$a^2\times 4900$
$=(70\times a)^2$.

条件より　$E(Y)=50$，$\sqrt{V(X)}=10$

なので，② より

$$\begin{cases} 560a+b=50, \\ 70a=10 \end{cases}$$

となる．

これより

$$a=\frac{\boxed{1}}{\boxed{7}},\quad b=\boxed{-30}$$

である．

〔2〕

(1)　1 個のさいころを 1 回投げるとき，5 以上の目が出る確率は

$$\frac{2}{6}=\frac{\boxed{1}}{\boxed{3}}$$

である．

(2)

二項分布の平均と分散

確率変数 X が二項分布 $B(n,\ p)$ に従うとき
$$E(X)=np,\ V(X)=npq\ (\text{ただし, } q=1-p).$$

確率変数 X は二項分布 $B\left(\boxed{180},\ \dfrac{\boxed{1}}{\boxed{3}}\right)$ に従う．すると

$$E(X)=180\times\frac{1}{3}=\boxed{60},$$
$$V(X)=180\times\frac{1}{3}\times\left(1-\frac{1}{3}\right)=\boxed{40},$$
$$\sigma(X)=\sqrt{V(X)}=\sqrt{40}=\boxed{2}\sqrt{\boxed{10}}$$

である．

52

アイウ=400，エ=1，オ=2，カキク=200，ケコサ=100，シス=10，セソ=−2，タ=①，チ=⑦

X は二項分布 $B\left(\boxed{400},\ \dfrac{\boxed{1}}{\boxed{2}}\right)$ に従う．

$$E(X)=400\times\frac{1}{2}=\boxed{200},\quad V(X)=400\times\frac{1}{2}\times\left(1-\frac{1}{2}\right)=\boxed{100}$$

である．

二項分布の正規分布による近似

確率変数 X が，二項分布 $B(n,\ p)$ に従うとき，n が十分大きければ，$Z=\dfrac{X-np}{\sqrt{npq}}$ は標準正規分布 $N(0,\ 1)$ に従うとみなしてよい．ただし，$q=1-p$ とする．

確率変数 Z を $Z=\dfrac{X-\boxed{200}}{\boxed{10}}$ で定めると，Z は標準正規分布 $N(0,\ 1)$ に従うとみなすことができる．

$X \leqq 180$ より $\dfrac{X-200}{10} \leqq \dfrac{180-200}{10}$ つまり $Z \leqq -2$.

よって,

$$P(X \leqq 180) = P(Z \leqq \boxed{-2}) = P(Z \geqq 2)$$
$$= 0.5 - P(0 \leqq Z \leqq 2)$$

である. ここで, 正規分布表により

$$P(0 \leqq Z \leqq 2) = 0.4772$$

なので

$$P(X \leqq 180) = 0.5 - 0.4772 = 0.0228$$

となる. よって, タ には ① が当てはまる.

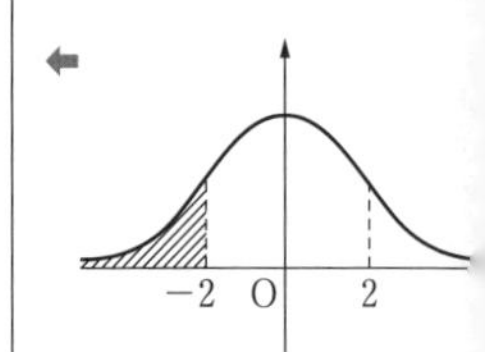

斜線部分の面積を求める.

次に, $180 \leqq X \leqq 230$ より

$$\frac{180-200}{10} \leqq \frac{X-200}{10} \leqq \frac{230-200}{10}$$

つまり

$$-2 \leqq Z \leqq 3$$

となるので

$$P(180 \leqq X \leqq 230) = P(-2 \leqq Z \leqq 3)$$
$$= P(0 \leqq Z \leqq 2) + P(0 \leqq Z \leqq 3)$$

と変形される. ここで, 正規分布表により

$$P(0 \leqq Z \leqq 2) = 0.4772, \quad P(0 \leqq Z \leqq 3) = 0.4987$$

なので,

$$P(180 \leqq X \leqq 230) = 0.4772 + 0.4987$$
$$= 0.9759$$

となる. よって, チ には ⑦ が当てはまる.

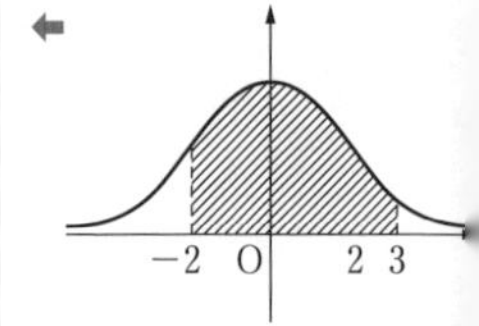

斜線部分の面積を求める.

53

ア=5, イ=1, ウ=5, エ=1, オカ=25, キ=1, ク=5, ケ=1, コ=5, サシスセ=0668.

X の確率分布は次のようになる.

X	4	5	6	7	計
P	$\frac{4}{10}$	$\frac{3}{10}$	$\frac{2}{10}$	$\frac{1}{10}$	1

(1)　母平均は

$$E(X)=4\times\frac{4}{10}+5\times\frac{3}{10}+6\times\frac{2}{10}+7\times\frac{1}{10}$$
$$=\frac{50}{10}=\boxed{5}$$

である.

確率変数の分散

$m=E(X)$ とする.
・$V(X)=E((X-m)^2)$,
・$V(X)=E(X^2)-m^2$.

また

$$E(X^2)=4^2\times\frac{4}{10}+5^2\times\frac{3}{10}+6^2\times\frac{2}{10}+7^2\times\frac{1}{10}$$
$$=\frac{1}{10}\times(64+75+72+49)=\frac{260}{10}$$
$$=26$$

である.

よって母分散は

$$V(X)=26-5^2$$
$$=\boxed{1}$$

である.

⬅ $V(X)$
$=E(X^2)-m^2$.

(2)

標本平均の分布

母平均 m, 母分散 σ^2 の母集団から抽出された大きさ n の標本平均 $\overline{X}$ は, n が大きければ正規分布 $N\left(m,\ \frac{\sigma^2}{n}\right)$ に従うとみなしてよい.

確率変数 $Z=\dfrac{\overline{X}-m}{\frac{\sigma}{\sqrt{n}}}$ は標準正規分布 $N(0,\ 1)$ に従うとみなしてよい.

標本平均 $\overline{X}$ は正規分布 $N\left(\boxed{5},\ \dfrac{\boxed{1}}{\boxed{25}}\right)$ に従うとみなし

てよい.

確率変数 $Z=\dfrac{\overline{X}-\fbox{5}}{\dfrac{\fbox{1}}{\fbox{5}}}$ は正規分布 $N(0,\ 1)$ に従うこと

が知られている.

$\overline{X}\geqq 5.3$ は

$$\frac{\overline{X}-5}{\frac{1}{5}}\geqq\frac{5.3-5}{\frac{1}{5}}=1.5$$

より

$$Z\geqq\fbox{1}.\fbox{5}$$

に対応する. このことから

$$P(\overline{X}\geqq 5.3)=P(Z\geqq 1.5)$$
$$=0.5-P(0\leqq Z\leqq 1.5)$$

と表せる. ここで正規分布表により

$$P(0\leqq Z\leqq 1.5)=0.4332$$

なので, 求める確率の近似値は

$$P(\overline{X}\geqq 5.3)=0.5-0.4332$$
$$=0.\fbox{0668}$$

である.

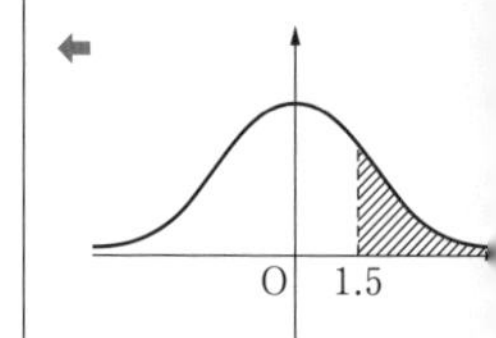

斜線部分の面積を求める.

54

ア＝0, イ＝1, ウ＝2, エ＝④, オ＝②, カ＝1, キク＝96, ケ＝⑤.

確率変数 X が正規分布 $N(m,\ \sigma^2)$ に従うとき, $Z=\dfrac{X-m}{\sigma}$ とすると, X に関する確率は標準正規分布 $N(0,\ 1)$ に従う確率変数 Z に関する確率になおして求めることができる.

(1) $X\geqq m$ は $\dfrac{X-m}{\sigma}\geqq 0$ に対応するので,

$$P(X\geqq m)=P\left(\frac{X-m}{\sigma}\geqq\fbox{0}\right)=P(Z\geqq 0)=\frac{\fbox{1}}{\fbox{2}}$$

である.

(2)

標本平均の平均と標準偏差

母平均 m，母標準偏差 σ の母集団から大きさ n の無作為標本を復元抽出するとき，その標本平均 $\overline{X}$ の平均と標準偏差は

$$E(\overline{X})=m,\ \sigma(\overline{X})=\frac{\sigma}{\sqrt{n}}$$

である．

エ には ④ が当てはまり，オ には ② が当てはまる．

Z を標準正規分布 $N(0,\ 1)$ に従う確率変数として，

$$P(-z_0 \leqq Z \leqq z_0)=0.95$$

となる z_0 を求める．

$P(-z_0 \leqq Z \leqq z_0)=2\times P(0 \leqq Z \leqq z_0)$ なので

$$2\times P(0 \leqq Z \leqq z_0)=0.95$$

より

$$P(0 \leqq Z \leqq z_0)=0.475$$

である．正規分布表により　$z_0=$ 1 . 96 とわかる．

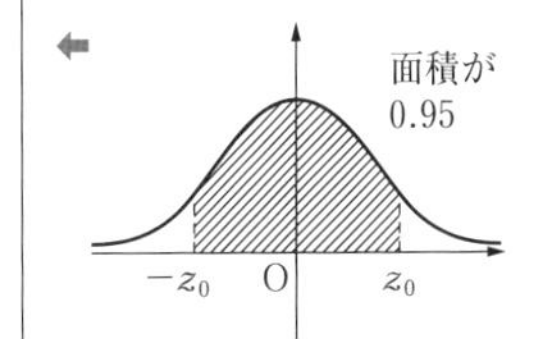

確率変数 $Z=\dfrac{\overline{X}-m}{\dfrac{\sigma}{\sqrt{n}}}$ は標準正規分布 $N(0,\ 1)$ に従うとみなしてよいから，正の実数 k に対して

$$P\left(|\overline{X}-m| \leqq k\times\frac{\sigma}{\sqrt{n}}\right)=P\left(\left|\frac{\overline{X}-m}{\frac{\sigma}{\sqrt{n}}}\right| \leqq k\right)$$

$$=P(|Z| \leqq k)=2\times P(0 \leqq Z \leqq k)$$

となる．$k=1.96$ のとき

$$2\times P(0 \leqq Z \leqq k)=2\times 0.475=0.95$$

であるから

$$P\left(-1.96 \leqq \frac{\overline{X}-m}{\frac{\sigma}{\sqrt{n}}} \leqq 1.96\right)=0.95$$

すなわち

$$P\left(\overline{X}-1.96\times\frac{\sigma}{\sqrt{n}}\leqq m\leqq\overline{X}+1.96\times\frac{\sigma}{\sqrt{n}}\right)=0.95$$

である．このとき，区間

$$\overline{X}-1.96\times\frac{\sigma}{\sqrt{n}}\leqq m\leqq\overline{X}+1.96\times\frac{\sigma}{\sqrt{n}}$$

を，母平均 m に対する**信頼度 95%の信頼区間**という．

本問においては，$n=400$ は十分に大きくて，$\overline{X}=30.0$，$\sigma=3.6$ なので，母平均 m に対する信頼度 95%の信頼区間は

$$30.0-1.96\times\frac{3.6}{20}\leqq m\leqq 30.0+1.96\times\frac{3.6}{20}$$

⬅ $\sqrt{400}=20$.

つまり

$$30.0-0.3528\leqq m\leqq 30.0+0.3528$$

⬅ $1.96\times\frac{3.6}{20}=0.3528$.

すなわち

$$29.6472\leqq m\leqq 30.3528$$

となる．小数第 2 位を四捨五入すると

$$29.6\leqq m\leqq 30.4$$

となるので，[ケ] には [⑤] が当てはまる．

第8章　ベクトル

55

ア=3，イ=5，ウ=2，エ=5，オ=1，カ=3，キ=2，ク=9，ケ=1，コ=2，
サ=2，シ=3.

(1)
$$4\overrightarrow{AM}+3\overrightarrow{BM}+2\overrightarrow{CM}=\vec{0}$$
から，
$$4\overrightarrow{MA}=-(3\overrightarrow{MB}+2\overrightarrow{MC}).$$
これより，
$$\overrightarrow{MA}=-\frac{5}{4}\cdot\frac{3\overrightarrow{MB}+2\overrightarrow{MC}}{5}.$$
いま，点D′を
$$\overrightarrow{MD'}=\frac{3\overrightarrow{MB}+2\overrightarrow{MC}}{5}$$
となるようにとれば，D′は線分BCを2：3の比に内分する点になっている．よって，点D′は辺BC上にある．

また，
$$\overrightarrow{MA}=-\frac{5}{4}\overrightarrow{MD'}$$
となるから，点D′は直線AM上にもある．

したがって，点D′は辺BCと直線AMの交点になっているので，D′はDに一致している．

よって，
$$\overrightarrow{MD}=\frac{\boxed{3}}{\boxed{5}}\overrightarrow{MB}+\frac{\boxed{2}}{\boxed{5}}\overrightarrow{MC}.$$

(2)
$$\overrightarrow{MA}=-\frac{5}{4}\overrightarrow{MD}$$
だから，
$$\overrightarrow{AM}=\frac{5}{4}\overrightarrow{MD}.$$
よって，点Mは線分ADを5：4の比に内分している．

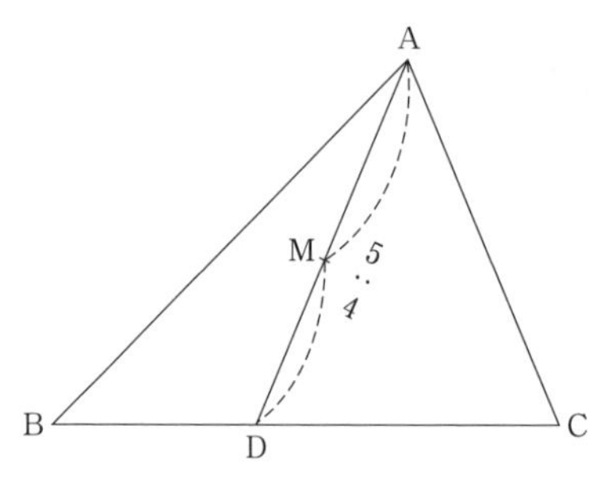

したがって,

$$\overrightarrow{AM}=\frac{5}{9}\overrightarrow{AD}=\frac{5}{9}\left(\frac{3}{5}\overrightarrow{AB}+\frac{2}{5}\overrightarrow{AC}\right)$$

$$=\frac{\boxed{1}}{\boxed{3}}\overrightarrow{AB}+\frac{\boxed{2}}{\boxed{9}}\overrightarrow{AC}. \quad \cdots ①$$

(3) $2\overrightarrow{ME}+\overrightarrow{MF}=\vec{0}$ だから,点 M は線分 EF を 1 : 2 の比に内分していることがわかる.

これより,

$$\overrightarrow{AM}=\frac{2}{3}\overrightarrow{AE}+\frac{1}{3}\overrightarrow{AF}.$$

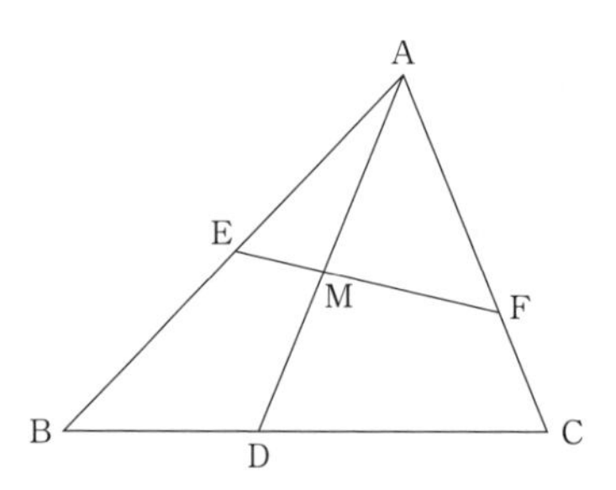

いま,$\overrightarrow{AE}=k\overrightarrow{AB}$, $\overrightarrow{AF}=l\overrightarrow{AC}$ (k, l : 実数) とすると,上式に代入して,

$$\overrightarrow{AM}=\frac{2}{3}k\overrightarrow{AB}+\frac{1}{3}l\overrightarrow{AC} \quad \cdots ②$$

を得る.よって,①, ② から,

$$\frac{2}{3}k\overrightarrow{AB}+\frac{1}{3}l\overrightarrow{AC}=\frac{1}{3}\overrightarrow{AB}+\frac{2}{9}\overrightarrow{AC}.$$

ここに，$\overrightarrow{\mathrm{AB}}\neq\vec{0}$，$\overrightarrow{\mathrm{AC}}\neq\vec{0}$ で $\overrightarrow{\mathrm{AB}}\not\parallel\overrightarrow{\mathrm{AC}}$ なので，

$$\begin{cases}\dfrac{2}{3}k=\dfrac{1}{3}, \\ \dfrac{1}{3}l=\dfrac{2}{9}.\end{cases}$$

これより，$k=\dfrac{1}{2}$，$l=\dfrac{2}{3}$.

よって，$\overrightarrow{\mathrm{AE}}=\dfrac{\boxed{1}}{\boxed{2}}\overrightarrow{\mathrm{AB}}$，　$\overrightarrow{\mathrm{AF}}=\dfrac{\boxed{2}}{\boxed{3}}\overrightarrow{\mathrm{AC}}$.

ここで用いた重要事項をまとめておこう.

> $\vec{a}\neq\vec{0}$，$\vec{b}\neq\vec{0}$，$\vec{a}\not\parallel\vec{b}$ のとき，
> 「$\alpha\vec{a}+\beta\vec{b}=\alpha'\vec{a}+\beta'\vec{b}$」$\underset{\text{同値}}{\Longleftrightarrow}$「$\alpha=\alpha'$，$\beta=\beta'$」.
> （ただし，α，β，α'，β' は実数.）

56

ア=1，イ=5，ウ=1，エ=3，オ=3，カキ=16，ク=7，ケコ=16，サシ=22，
ス=1，セ=3.

(1)　まず，次のことを確認しておこう.

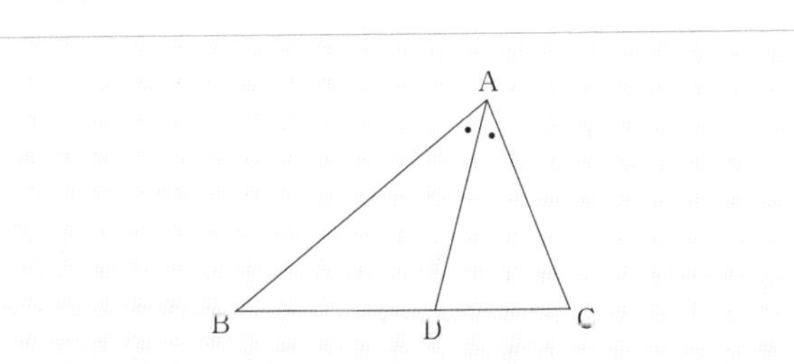

AD が ∠BAC を 2 等分するとき，

$$\mathrm{BD}:\mathrm{CD}=\mathrm{AB}:\mathrm{AC}.$$

⬅「内心」ときたらまず，このことを思い起こそう.

$$\left(\because\right)\ \angle\mathrm{BAD}=\angle\mathrm{CAD}=\alpha \text{ とする．}$$

$$\left(\frac{\mathrm{BD}}{\mathrm{CD}}=\frac{\triangle\mathrm{ABD}}{\triangle\mathrm{ACD}}=\frac{\frac{1}{2}\mathrm{AB}\cdot\mathrm{AD}\sin\alpha}{\frac{1}{2}\mathrm{AC}\cdot\mathrm{AD}\sin\alpha}=\frac{\mathrm{AB}}{\mathrm{AC}}.\right)$$

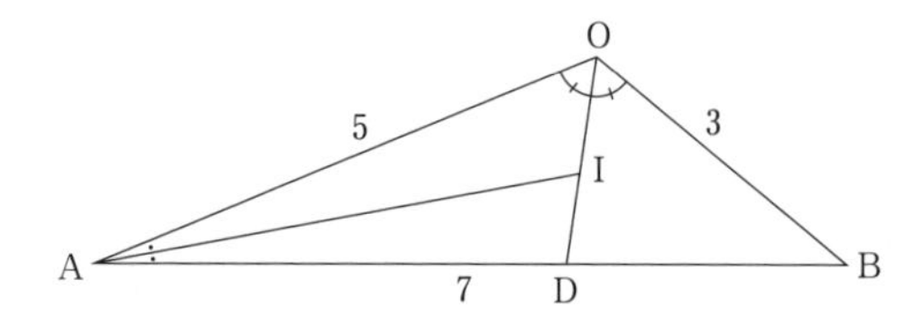

直線 OI と辺 AB との交点を D とする．OD は $\angle\mathrm{AOB}$ を 2 等分するから，

$$\mathrm{AD}:\mathrm{BD}=\mathrm{OA}:\mathrm{OB}=5:3.$$

このことから，

$$\overrightarrow{\mathrm{OD}}=\frac{3}{8}\overrightarrow{\mathrm{OA}}+\frac{5}{8}\overrightarrow{\mathrm{OB}}. \qquad \cdots ①$$

また，

$$\mathrm{AD}=\frac{5}{8}\mathrm{AB}=\frac{35}{8}.$$

AI は $\angle\mathrm{OAD}$ を 2 等分するので，

$$\mathrm{OI}:\mathrm{DI}=\mathrm{AO}:\mathrm{AD}$$

$$=5:\frac{35}{8}=8:7.$$

このことから，

$$\overrightarrow{\mathrm{OI}}=\frac{8}{15}\overrightarrow{\mathrm{OD}}.$$

よって，① から，

$$\overrightarrow{\mathrm{OI}}=\frac{8}{15}\left(\frac{3}{8}\overrightarrow{\mathrm{OA}}+\frac{5}{8}\overrightarrow{\mathrm{OB}}\right)$$

$$=\frac{\boxed{1}}{\boxed{5}}\overrightarrow{\mathrm{OA}}+\frac{\boxed{1}}{\boxed{3}}\overrightarrow{\mathrm{OB}}.$$

(2)

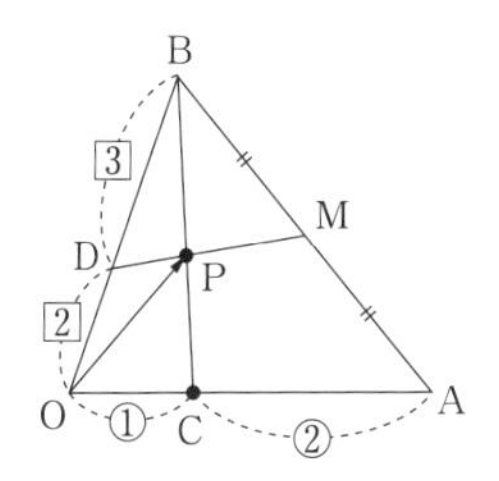

(i)　点 P は BC 上にあるので

$$\overrightarrow{BP}=t\,\overrightarrow{BC}\ (t：実数)$$

と表せる．O を始点とするベクトルを用いて書き直して

$$\overrightarrow{OP}-\overrightarrow{OB}=t(\overrightarrow{OC}-\overrightarrow{OB}).$$

整理して，

$$\overrightarrow{OP}=(1-t)\overrightarrow{OB}+t\,\overrightarrow{OC}.$$

ここに，$\overrightarrow{OC}=\dfrac{1}{3}\overrightarrow{OA}$ なので

$$\overrightarrow{OP}=\frac{1}{3}t\,\overrightarrow{OA}+(1-t)\overrightarrow{OB}. \quad \cdots ①$$

また，点 P は DM 上にもあるので

$$\overrightarrow{DP}=s\,\overrightarrow{DM}\ (s：実数)$$

と表せる．変形して

$$\overrightarrow{OP}-\overrightarrow{OD}=s(\overrightarrow{OM}-\overrightarrow{OD}).$$

整理すると

$$\overrightarrow{OP}=(1-s)\overrightarrow{OD}+s\,\overrightarrow{OM}.$$

ここに，

$$\overrightarrow{OD}=\frac{2}{5}\overrightarrow{OB},\quad \overrightarrow{OM}=\frac{1}{2}\overrightarrow{OA}+\frac{1}{2}\overrightarrow{OB}$$

なので，

$$\overrightarrow{OP}=\frac{2}{5}(1-s)\overrightarrow{OB}+s\left(\frac{1}{2}\overrightarrow{OA}+\frac{1}{2}\overrightarrow{OB}\right).$$

整理して

$$\overrightarrow{OP}=\frac{1}{2}s\,\overrightarrow{OA}+\left(\frac{2}{5}+\frac{1}{10}s\right)\overrightarrow{OB}. \quad \cdots ②$$

①，② において，$\overrightarrow{OA}\neq\vec{0}$，$\overrightarrow{OB}\neq\vec{0}$，$\overrightarrow{OA}\not\parallel\overrightarrow{OB}$ なので，

$$\begin{cases} \dfrac{1}{3}t=\dfrac{1}{2}s, \\ 1-t=\dfrac{2}{5}+\dfrac{1}{10}s \end{cases}$$

が成り立つ．これより

$$t=\frac{9}{16},\quad s=\frac{3}{8}$$

を得る．

よって，

$$\overrightarrow{\mathrm{OP}}=\frac{\boxed{3}}{\boxed{16}}\overrightarrow{\mathrm{OA}}+\frac{\boxed{7}}{\boxed{16}}\overrightarrow{\mathrm{OB}}.$$

(ii) $\angle \mathrm{AOB}=\dfrac{\pi}{3}$ なので，

$$\begin{aligned}\overrightarrow{\mathrm{OA}}\cdot\overrightarrow{\mathrm{OB}}&=|\overrightarrow{\mathrm{OA}}||\overrightarrow{\mathrm{OB}}|\cos\frac{\pi}{3}\\&=\frac{1}{2}|\overrightarrow{\mathrm{OA}}||\overrightarrow{\mathrm{OB}}|.\end{aligned}$$

また，$\overrightarrow{\mathrm{OP}}\perp\overrightarrow{\mathrm{AB}}$ なので

$$\begin{aligned}\overrightarrow{\mathrm{OP}}\cdot\overrightarrow{\mathrm{AB}}=0 &\iff 16\,\overrightarrow{\mathrm{OP}}\cdot\overrightarrow{\mathrm{AB}}=0\\&\iff (3\,\overrightarrow{\mathrm{OA}}+7\,\overrightarrow{\mathrm{OB}})\cdot(\overrightarrow{\mathrm{OB}}-\overrightarrow{\mathrm{OA}})=0\\&\iff (3\,\overrightarrow{\mathrm{OA}}+7\,\overrightarrow{\mathrm{OB}})\cdot(\overrightarrow{\mathrm{OA}}-\overrightarrow{\mathrm{OB}})=0.\quad\cdots ③\end{aligned}$$

ここに

$$\begin{aligned}(3\,\overrightarrow{\mathrm{OA}}+7\,\overrightarrow{\mathrm{OB}})\cdot(\overrightarrow{\mathrm{OA}}-\overrightarrow{\mathrm{OB}})&=3|\overrightarrow{\mathrm{OA}}|^2+4\,\overrightarrow{\mathrm{OA}}\cdot\overrightarrow{\mathrm{OB}}-7|\overrightarrow{\mathrm{OB}}|^2\\&=3|\overrightarrow{\mathrm{OA}}|^2+2|\overrightarrow{\mathrm{OA}}||\overrightarrow{\mathrm{OB}}|-7|\overrightarrow{\mathrm{OB}}|^2\end{aligned}$$

なので，

$$\begin{aligned}③ &\iff 3|\overrightarrow{\mathrm{OA}}|^2+2|\overrightarrow{\mathrm{OA}}||\overrightarrow{\mathrm{OB}}|-7|\overrightarrow{\mathrm{OB}}|^2=0\\&\iff 3\left(\frac{|\overrightarrow{\mathrm{OA}}|}{|\overrightarrow{\mathrm{OB}}|}\right)^2+2\frac{|\overrightarrow{\mathrm{OA}}|}{|\overrightarrow{\mathrm{OB}}|}-7=0.\end{aligned}$$

⬅両辺を $|\overrightarrow{\mathrm{OB}}|^2$ で割る．

いま　$k=\dfrac{|\overrightarrow{\mathrm{OA}}|}{|\overrightarrow{\mathrm{OB}}|}$ とおくと，

$$3k^2+2k-7=0.$$

2 次方程式の解の公式により

$$k=\frac{-1\pm\sqrt{1-3\cdot(-7)}}{3}=\frac{-1\pm\sqrt{22}}{3}.$$

$k>0$ なので

$$k=\frac{-1+\sqrt{22}}{3}.$$

よって，

$$\frac{|\overrightarrow{\mathrm{OA}}|}{|\overrightarrow{\mathrm{OB}}|}=\frac{\sqrt{\boxed{22}}-\boxed{1}}{\boxed{3}}.$$

57

アイ＝−3，ウ＝2，エ＝4，オ＝9，カキ＝11，クケ＝15，コサ＝28，シス＝45.

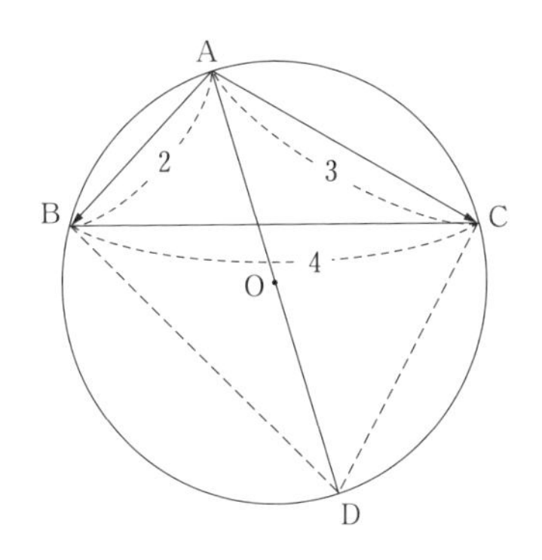

(1)　仮定から，$|\overrightarrow{\mathrm{AB}}|=2$，$|\overrightarrow{\mathrm{AC}}|=3$，$|\overrightarrow{\mathrm{BC}}|=4$.

ところで，

$$\overrightarrow{\mathrm{BC}}=\overrightarrow{\mathrm{AC}}-\overrightarrow{\mathrm{AB}}$$

なので，

$$\begin{aligned}4^2=|\overrightarrow{\mathrm{BC}}|^2&=|\overrightarrow{\mathrm{AC}}-\overrightarrow{\mathrm{AB}}|^2\\&=|\overrightarrow{\mathrm{AC}}|^2-2\,\overrightarrow{\mathrm{AC}}\cdot\overrightarrow{\mathrm{AB}}+|\overrightarrow{\mathrm{AB}}|^2\\&=3^2-2\,\overrightarrow{\mathrm{AB}}\cdot\overrightarrow{\mathrm{AC}}+2^2.\end{aligned}$$

これより，

$$16-13-2\,\overrightarrow{\mathrm{AB}}\cdot\overrightarrow{\mathrm{AC}}.$$

よって，

$$\overrightarrow{\mathrm{AB}}\cdot\overrightarrow{\mathrm{AC}}=\frac{\boxed{-3}}{\boxed{2}}.$$

(2) いま，点Dを，$\overrightarrow{AD}=2\overrightarrow{AO}$ となるようにとると線分ADは外接円の直径である．よって，

$$\angle ABD=\angle ACD=90^\circ.$$

したがって，

$$2\overrightarrow{AO}\cdot\overrightarrow{AB}=\overrightarrow{AD}\cdot\overrightarrow{AB}=|\overrightarrow{AB}|^2=2^2$$
$$=\boxed{4}.$$

⬅ $\angle BAD=\alpha$ とおくと $AD\cos\alpha=AB$.

また，

$$2\overrightarrow{AO}\cdot\overrightarrow{AC}=\overrightarrow{AD}\cdot\overrightarrow{AC}=|\overrightarrow{AC}|^2=3^2$$
$$=\boxed{9}.$$

(3) $\overrightarrow{AO}=s\overrightarrow{AB}+t\overrightarrow{AC}$ (s, t：実数) と表すとき，

$$2\overrightarrow{AO}\cdot\overrightarrow{AB}=2(s\overrightarrow{AB}+t\overrightarrow{AC})\cdot\overrightarrow{AB}$$
$$=2s|\overrightarrow{AB}|^2+2t\overrightarrow{AC}\cdot\overrightarrow{AB}.$$

(1)，(2) の結果を用いると

$$4=2s\cdot 2^2+2t\cdot\frac{-3}{2}.$$

整理して　$8s-3t=4.$　…①

また，

$$2\overrightarrow{AO}\cdot\overrightarrow{AC}=2(s\overrightarrow{AB}+t\overrightarrow{AC})\cdot\overrightarrow{AC}$$
$$=2s\overrightarrow{AB}\cdot\overrightarrow{AC}+2t|\overrightarrow{AC}|^2.$$

整理すると

$$9=2s\cdot\frac{-3}{2}+2t\cdot 3^2$$

つまり　$s-6t=-3.$　…②

①，② から，

$$s=\frac{\boxed{11}}{\boxed{15}},\quad t=\frac{\boxed{28}}{\boxed{45}}.$$

58

ア$=1$，イ$=6$，ウ$=1$，エ$=3$，オ$=2$，カキ$=-1$，クケ$=11$，コ$=5$，サシ$=-7$，ス$=5$，セソ$=12$，タ$=5$.

(1)

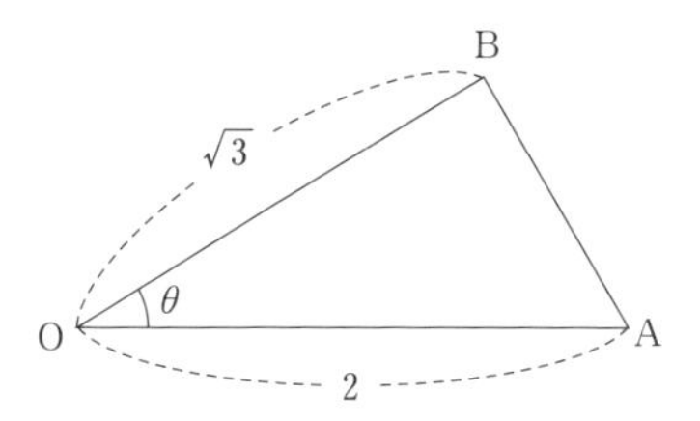

(i)

$$\cos\theta=\frac{\overrightarrow{OA}\cdot\overrightarrow{OB}}{|\overrightarrow{OA}||\overrightarrow{OB}|}=\frac{3}{2\sqrt{3}}=\frac{\sqrt{3}}{2}.$$

⬅内積の定義により，
$\overrightarrow{OA}\cdot\overrightarrow{OB}$
$=|\overrightarrow{OA}||\overrightarrow{OB}|\times\cos\theta$.

これより，

$$\theta=\frac{\boxed{1}}{\boxed{6}}\pi.$$

(ii)

$$\begin{aligned}|\overrightarrow{AB}|^2&=|\overrightarrow{OB}-\overrightarrow{OA}|^2\\&=|\overrightarrow{OB}|^2-2\,\overrightarrow{OB}\cdot\overrightarrow{OA}+|\overrightarrow{OA}|^2\\&=3-2\cdot3+4=1.\end{aligned}$$

よって，

$|\overrightarrow{AB}|=1$，すなわち　$AB=\boxed{1}$.

(iii)　$\triangle OAB=\dfrac{1}{2}|\overrightarrow{OA}||\overrightarrow{OB}|\sin\theta$.

ここに，(i) より，

$$\sin\theta=\sin\frac{\pi}{6}=\frac{1}{2}$$

なので，

$$\triangle OAB=\frac{1}{2}\cdot2\cdot\sqrt{3}\cdot\frac{1}{2}=\frac{\sqrt{\boxed{3}}}{\boxed{2}}.$$

〔別解〕

$\angle OBA=90^\circ$ となるので，

$$\triangle OAB=\frac{1}{2}OB\cdot AB=\frac{\sqrt{3}}{2}.$$

（別解終り）

(2)
$$\begin{cases} x^2+y^2=5, & \cdots ① \\ x+2y=3 & \cdots ② \end{cases}$$

とする．② より，

$$x=-2y+3. \qquad \cdots ②'$$

②′ を ① に代入して

$$(-2y+3)^2+y^2=5.$$

整理して，$5y^2-12y+4=0$．変形して，$(5y-2)(y-2)=0$．

これより，$y=\frac{2}{5}$，2.

②′ より，

$y=\frac{2}{5}$ のとき，$x=\frac{11}{5}$，

$y=2$ のとき，$x=-1$.

よって，2 交点の x 座標は $\boxed{-1}$ と $\frac{\boxed{11}}{\boxed{5}}$ である．

いま，P$(-1,\ 2)$，Q$\left(\frac{11}{5},\ \frac{2}{5}\right)$ としてよい．

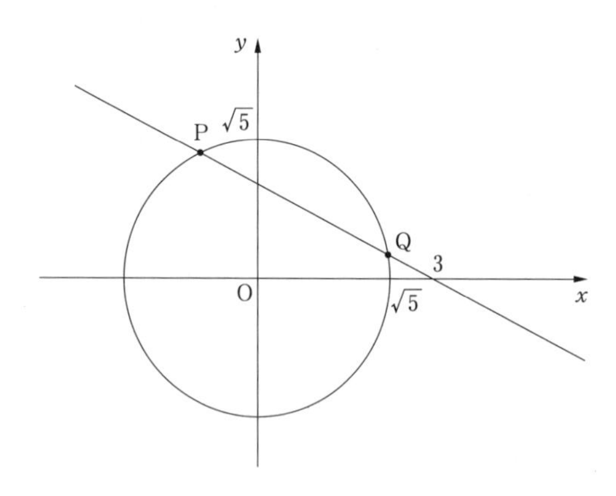

ここで，まず次の基本事項を確認しておこう．

内積と成分

ベクトル $\vec{a}=(a_1,\ a_2)$，$\vec{b}=(b_1,\ b_2)$ の内積は

$$\vec{a}\cdot\vec{b}=a_1b_1+a_2b_2.$$

これより，

$$\overrightarrow{OP}\cdot\overrightarrow{OQ}=(-1)\cdot\frac{11}{5}+2\cdot\frac{2}{5}=\frac{\boxed{-7}}{\boxed{5}}$$

となる．

さて，三角形の面積を求める公式で，ベクトルの内積を利用するものとして，次のものがある．

三角形の面積　←重要です!!

平面上に，三角形 OAB があって，

$$\overrightarrow{OA}=\vec{a},\ \overrightarrow{OB}=\vec{b}$$

とするとき，

$$\triangle OAB=\frac{1}{2}\sqrt{|\vec{a}|^2|\vec{b}|^2-(\vec{a}\cdot\vec{b})^2}$$

である．ここで，

$$\vec{a}=(a_1,\ a_2),\ \vec{b}=(b_1,\ b_2)$$

ならば，

$$\triangle OAB=\frac{1}{2}|a_1b_2-a_2b_1|$$

である．

（説明）

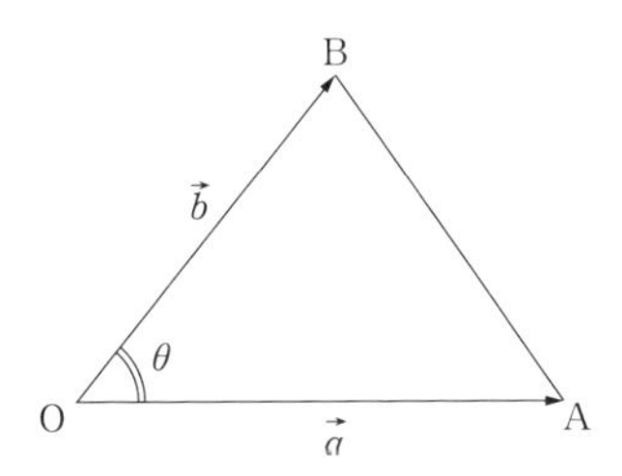

$\vec{a}$ と $\vec{b}$ のなす角を θ $(0<\theta<\pi)$ とすると，

$$\triangle OAB=\frac{1}{2}OA\cdot OB\cdot\sin\theta=\frac{1}{2}|\vec{a}||\vec{b}|\sin\theta$$

$$=\frac{1}{2}|\vec{a}||\vec{b}|\sqrt{1-\cos^2\theta}$$

$$=\frac{1}{2}\sqrt{(|\vec{a}||\vec{b}|)^2(1-\cos^2\theta)}$$

$$=\frac{1}{2}\sqrt{(|\vec{a}||\vec{b}|)^2-(|\vec{a}||\vec{b}|\cos\theta)^2}$$

$$=\frac{1}{2}\sqrt{|\vec{a}|^2|\vec{b}|^2-(\vec{a}\cdot\vec{b})^2}.$$

ここで,

$$\vec{a}=(a_1,\ a_2),\quad \vec{b}=(b_1,\ b_2)$$

ならば,

$$\begin{aligned}|\vec{a}|^2|\vec{b}|^2-(\vec{a}\cdot\vec{b})^2&=(a_1^2+a_2^2)(b_1^2+b_2^2)-(a_1b_1+a_2b_2)^2\\&=(a_1^2b_1^2+a_1^2b_2^2+a_2^2b_1^2+a_2^2b_2^2)\\&\quad-(a_1^2b_1^2+2a_1b_1a_2b_2+a_2^2b_2^2)\\&=a_1^2b_2^2+a_2^2b_1^2-2a_1b_1a_2b_2\\&=(a_1b_2-a_2b_1)^2.\end{aligned}$$

よって,

$$\begin{aligned}\triangle\mathrm{OAB}&=\frac{1}{2}\sqrt{(a_1b_2-a_2b_1)^2}\\&=\frac{1}{2}|a_1b_2-a_2b_1|.\end{aligned}$$

⬅ a：実数のとき $\sqrt{a^2}=|a|$.

(説明終り)

これを利用すると,

$$\triangle\mathrm{OPQ}=\frac{1}{2}\left|(-1)\cdot\frac{2}{5}-2\cdot\frac{11}{5}\right|=\frac{1}{2}\times\frac{24}{5}$$

$$=\frac{\boxed{12}}{\boxed{5}}.$$

59

ア＝1，イ＝2，ウ＝1，エ＝2，オ＝3，カ＝0，キ＝2.

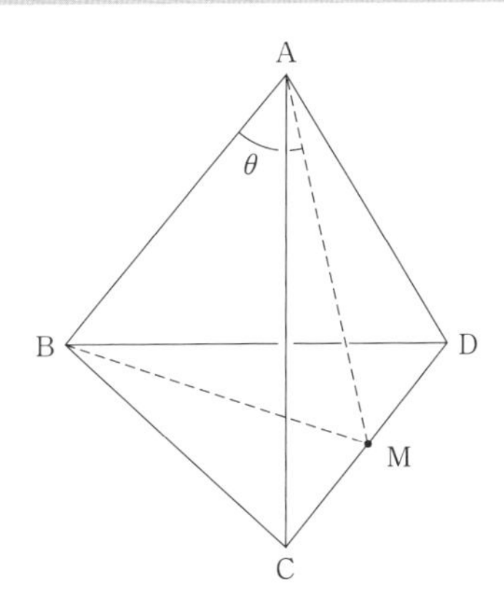

(1)　三角形ABCは1辺の長さが1の正三角形であるから，

$$\overrightarrow{AB}\cdot\overrightarrow{AC}=|\overrightarrow{AB}||\overrightarrow{AC}|\cos\frac{\pi}{3}=1\cdot1\cdot\frac{1}{2}=\frac{\boxed{1}}{\boxed{2}}.$$

三角形ABDも1辺の長さが1の正三角形であるから，同様にして，

$$\overrightarrow{AB}\cdot\overrightarrow{AD}=\frac{1}{2}.$$

さて，点Mは辺CDの中点なので

$$\overrightarrow{AM}=\frac{1}{2}(\overrightarrow{AC}+\overrightarrow{AD}).$$

よって，

$$\begin{aligned}\overrightarrow{AB}\cdot\overrightarrow{AM}&=\frac{1}{2}\overrightarrow{AB}\cdot(\overrightarrow{AC}+\overrightarrow{AD})\\&=\frac{1}{2}(\overrightarrow{AB}\cdot\overrightarrow{AC}+\overrightarrow{AB}\cdot\overrightarrow{AD})\\&=\frac{1}{2}\left(\frac{1}{2}+\frac{1}{2}\right)=\frac{\boxed{1}}{\boxed{2}}.\end{aligned}$$

⬅分配法則.

(2)　三角形ACDも1辺の長さが1の正三角形なので，

$$AM=AC\sin\frac{\pi}{3}=\frac{\sqrt{3}}{2}.$$

⬅
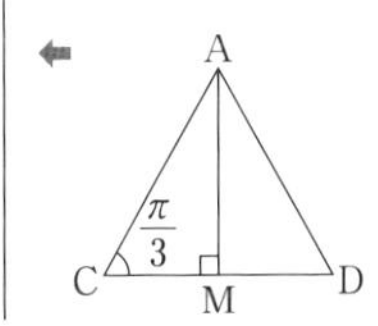

よって，(1) の結果を利用すると，

$$\cos\theta=\frac{\overrightarrow{\mathrm{AB}}\cdot\overrightarrow{\mathrm{AM}}}{|\overrightarrow{\mathrm{AB}}||\overrightarrow{\mathrm{AM}}|}=\frac{\frac{1}{2}}{1\cdot\frac{\sqrt{3}}{2}}$$

$$=\frac{1}{\sqrt{\boxed{3}}}.$$

←内積の利用.

(3)
$$\overrightarrow{\mathrm{AC}}\cdot\overrightarrow{\mathrm{AD}}=|\overrightarrow{\mathrm{AC}}||\overrightarrow{\mathrm{AD}}|\cos\frac{\pi}{3}$$

$$=1\cdot1\cdot\frac{1}{2}=\frac{1}{2}$$

なので，

$$\begin{aligned}\overrightarrow{\mathrm{AC}}\cdot\overrightarrow{\mathrm{BD}}&=\overrightarrow{\mathrm{AC}}\cdot(\overrightarrow{\mathrm{AD}}-\overrightarrow{\mathrm{AB}})\\&=\overrightarrow{\mathrm{AC}}\cdot\overrightarrow{\mathrm{AD}}-\overrightarrow{\mathrm{AC}}\cdot\overrightarrow{\mathrm{AB}}\\&=\frac{1}{2}-\frac{1}{2}=\boxed{0}.\end{aligned}$$

←このことから
AC⊥BD である
ことがわかる.

よって，

$$\begin{aligned}|\overrightarrow{\mathrm{AC}}+\overrightarrow{\mathrm{BD}}|^2&=|\overrightarrow{\mathrm{AC}}|^2+2\overrightarrow{\mathrm{AC}}\cdot\overrightarrow{\mathrm{BD}}+|\overrightarrow{\mathrm{BD}}|^2\\&=1^2+2\cdot0+1^2=2.\end{aligned}$$

これより，

$$|\overrightarrow{\mathrm{AC}}+\overrightarrow{\mathrm{BD}}|=\sqrt{\boxed{2}}.$$

←
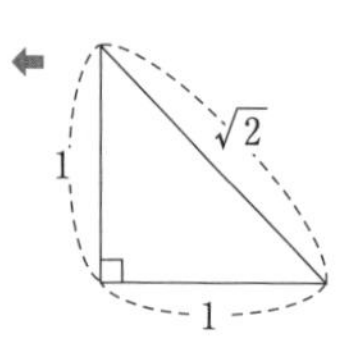

60

アイ＝14，ウ＝6，エオ＝21，カ＝3，キク＝14，ケ＝0.

$$\vec{c}=\begin{pmatrix}2\\-1\\4\end{pmatrix}+t\begin{pmatrix}3\\1\\-2\end{pmatrix}=\begin{pmatrix}2+3t\\-1+t\\4-2t\end{pmatrix}.$$

(1) $|\vec{c}|^2=(2+3t)^2+(-1+t)^2+(4-2t)^2$

$$=\boxed{14}\,t^2-\boxed{6}\,t+\boxed{21}.$$

(2) $|\vec{c}|^2=14\left(t^2-\frac{3}{7}t\right)+21$

$$=14\left(t-\frac{3}{14}\right)^2-14\cdot\left(\frac{3}{14}\right)^2+21$$

←2次関数の最大・
最小は平方完成が
原則.

$$=14\left(t-\frac{3}{14}\right)^2+\frac{285}{14}.$$

よって，$|\vec{c}|^2$ が最小となるときの t の値は $\frac{3}{14}$.

したがって，

$$t_0=\frac{\boxed{3}}{\boxed{14}}.$$

(3)
$$\vec{b}\cdot\vec{c_0}=\vec{b}\cdot(\vec{a}+t_0\vec{b})$$
$$=\vec{b}\cdot\vec{a}+t_0|\vec{b}|^2.$$

ここに，

$$\vec{b}\cdot\vec{a}=6-1-8=-3,$$
$$|\vec{b}|^2=9+1+4=14$$

だから，

$$\vec{b}\cdot\vec{c_0}=-3+\frac{3}{14}\cdot14=\boxed{0}.$$

61

アイ＝13，ウ＝1，エ＝2，オカ＝−6，キク＝−3，ケ＝7.

(1) $\overrightarrow{OA}=\begin{pmatrix}1\\3\\4\end{pmatrix}$, $\overrightarrow{OB}=\begin{pmatrix}7\\6\\-3\end{pmatrix}$.

これより，

$$\overrightarrow{OA}\cdot\overrightarrow{OB}=1\cdot7+3\cdot6+4\cdot(-3)$$
$$=7+18-12=\boxed{13}.$$

(2)

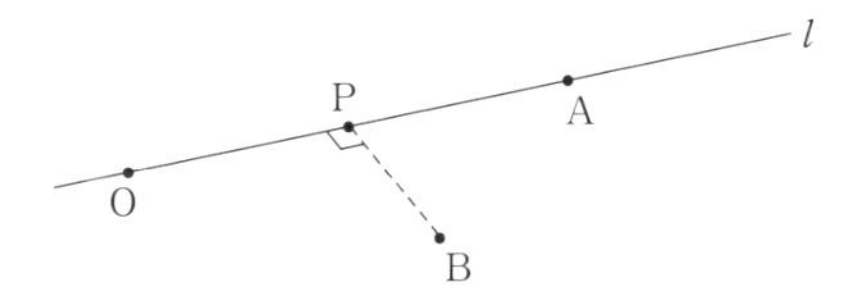

$\overrightarrow{OA}\perp\overrightarrow{BP}$ なので

$$\overrightarrow{OA}\cdot\overrightarrow{BP}=0.$$

変形して

$$\overrightarrow{OA}\cdot(\overrightarrow{OP}-\overrightarrow{OB})=0.$$

ここに，$\overrightarrow{OP}=k\,\overrightarrow{OA}$（$k$：実数）なので

$$\overrightarrow{OA}\cdot(k\,\overrightarrow{OA}-\overrightarrow{OB})=0.$$

展開して

$$k|\overrightarrow{OA}|^2-\overrightarrow{OA}\cdot\overrightarrow{OB}=0.$$

これより

$$k=\frac{\overrightarrow{OA}\cdot\overrightarrow{OB}}{|\overrightarrow{OA}|^2}.$$

ここに，

$$|\overrightarrow{OA}|^2=1^2+3^2+4^2=1+9+16=26.$$

よって，

$$k=\frac{13}{26}=\frac{\boxed{1}}{\boxed{2}}.$$

(3)

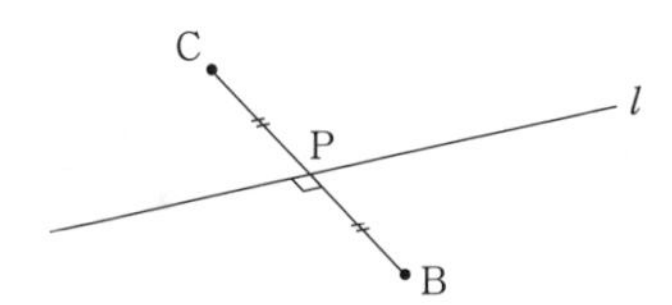

線分 BC の中点が P となるので，

$$\overrightarrow{OP}=\frac{1}{2}(\overrightarrow{OB}+\overrightarrow{OC}).$$

変形して

$$\overrightarrow{OC}=2\,\overrightarrow{OP}-\overrightarrow{OB}.$$

ここに，(2) の結果により

$$\overrightarrow{OP}=\frac{1}{2}\,\overrightarrow{OA}$$

なので

$$2\,\overrightarrow{OP}=\overrightarrow{OA}.$$

よって，

$$\overrightarrow{OC}=\overrightarrow{OA}-\overrightarrow{OB}$$

⬅四角形 OBAC は菱形になっている．

$$=\begin{pmatrix}1\\3\\4\end{pmatrix}-\begin{pmatrix}7\\6\\-3\end{pmatrix}=\begin{pmatrix}-6\\-3\\7\end{pmatrix}.$$

これより，

$$\mathrm{C}\left(\boxed{-6},\ \boxed{-3},\ \boxed{7}\right).$$

62

ア=3，イ=1，ウ=2，エ=3，オ=9，カ=2，キ=1，ク=a，ケ=5，コ=3.

(1)　S の半径を r とする．S 上の点 P について，点 A が中心なので $|\overrightarrow{\mathrm{AP}}|=r$　つまり

$$|\overrightarrow{\mathrm{AP}}|^2=r^2 \qquad \cdots(*)$$

である．ここで，r は線分 AB の長さに等しいから

$$r=\mathrm{AB}=\sqrt{(3-1)^2+(4-2)^2+(-2+3)^2}$$
$$=\sqrt{4+4+1}=\sqrt{9}=\boxed{3}$$

である．

P の座標を $(x,\ y,\ z)$ として，$(*)$ を $x,\ y,\ z$ を用いて表すと

$$\left(x-\boxed{1}\right)^2+\left(y-\boxed{2}\right)^2+\left(z+\boxed{3}\right)^2=\boxed{9}$$

を得る．これが求める S の方程式である．

⬅点 $(a,\ b,\ c)$ を中心とし半径が $r(>0)$ の球面の方程式は $(x-a)^2+(y-b)^2+(z-c)^2=r^2$.

(2)　$S : x^2+y^2+z^2-4x-2y-2az+a^2-20=0$.

S の方程式は

$$(x-2)^2+(y-1)^2+(z-a)^2=25$$

と変形できる．よって S は

点 $\left(\boxed{2},\ \boxed{1},\ \boxed{a}\right)$ を中心とする半径が $\boxed{5}$

の球面である．

S が xy 平面，つまり平面 $z=0$ と交わってできる図形の方程式は

$$(x-2)^2+(y-1)^2+(0-a)^2=25,\quad z=0$$

すなわち

$$(x-2)^2+(y-1)^2=25-a^2,\quad z=0$$

である．

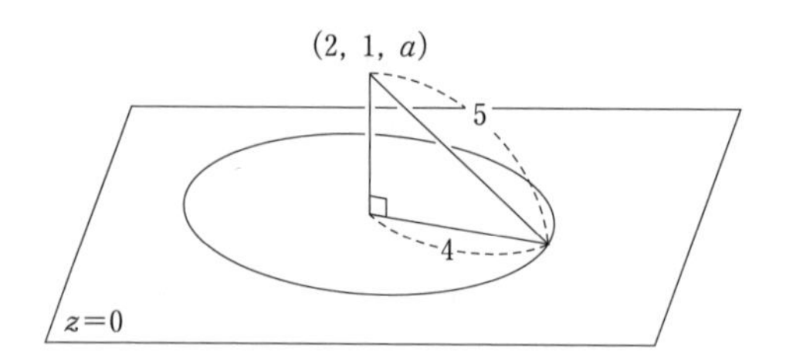

これは xy 平面上で，点 $(2,\ 1,\ 0)$ を中心とし，半径が $\sqrt{25-a^2}$ の円を表す．この円の半径が4であるから

$$\sqrt{25-a^2}=4.$$

これより，
$$a^2=9.$$

よって
$$a=\pm\boxed{3}$$

である．

第9章　平面上の曲線と複素数平面

63

アイウ＝−15，エオ＝15，カ＝3，キク＝−3，ケコ＝10.

共役な複素数の性質

$$\overline{\alpha+\beta}=\overline{\alpha}+\overline{\beta},\quad \overline{\alpha-\beta}=\overline{\alpha}-\overline{\beta}$$

$$\overline{\alpha\beta}=\overline{\alpha}\,\overline{\beta},\quad \overline{\left(\frac{\alpha}{\beta}\right)}=\frac{\overline{\alpha}}{\overline{\beta}}\quad (\beta\neq 0)$$

複素数の絶対値

複素数 $\alpha=a+bi$（a，b は実数）に対し

$$|\alpha|=|a+bi|=\sqrt{a^2+b^2},$$

$$|\alpha|^2=\alpha\overline{\alpha}.$$

$|\alpha|=5$ より $|\alpha|^2=25$．よって，$\alpha\overline{\alpha}=25$．　…①

$|\beta|=3$ より $|\beta|^2=9$．よって，$\beta\overline{\beta}=9$．　…②

$|\alpha-\beta|=7$ より $|\alpha-\beta|^2=49$．つまり $(\alpha-\beta)\overline{(\alpha-\beta)}=49$

すなわち

$$(\alpha-\beta)(\overline{\alpha}-\overline{\beta})=49$$

となる．左辺を展開すると

$$\alpha\overline{\alpha}-\alpha\overline{\beta}-\beta\overline{\alpha}+\beta\overline{\beta}=49.$$

①，②を用いると

$$25-\alpha\overline{\beta}-\overline{\alpha}\beta+9=49$$

つまり

$$\alpha\overline{\beta}+\overline{\alpha}\beta=\boxed{-15}\quad\cdots③$$

である．また

$$\begin{aligned}|3\alpha-5\beta|^2&=(3\alpha-5\beta)\overline{(3\alpha-5\beta)}=(3\alpha-5\beta)(3\overline{\alpha}-5\overline{\beta})\\&=9\alpha\overline{\alpha}-15\alpha\overline{\beta}-15\beta\overline{\alpha}+25\beta\overline{\beta}\\&=9\alpha\overline{\alpha}-15(\alpha\overline{\beta}+\overline{\alpha}\beta)+25\beta\overline{\beta}\end{aligned}$$

なので，①，②，③を用いると

$$|3\alpha-5\beta|^2=9\times25-15\times(-15)+25\times9$$

$$=15^2\times3$$

となる．よって

$$|3\alpha-5\beta|=\boxed{15}\sqrt{\boxed{3}}$$

である．

次に $\dfrac{\beta}{\alpha}=a+bi$ （a, b は実数）と表すと $\dfrac{\beta}{\alpha}$ の実部は a である．a の値を求めればよい．

ここで，

$$\overline{\left(\frac{\beta}{\alpha}\right)}=a-bi$$

なので，

$$a=\frac{1}{2}\left\{\frac{\beta}{\alpha}+\overline{\left(\frac{\beta}{\alpha}\right)}\right\}=\frac{1}{2}\left(\frac{\beta}{\alpha}+\frac{\overline{\beta}}{\overline{\alpha}}\right)$$

$$=\frac{1}{2}\times\frac{\overline{\alpha}\beta+\alpha\overline{\beta}}{\alpha\overline{\alpha}}=\frac{1}{2}\times\frac{-15}{25}$$

$$=\frac{\boxed{-3}}{\boxed{10}}$$

である．

⬅③より $\alpha\overline{\beta}+\overline{\alpha}\beta=-15$.

64

ア＝2，イ＝1，ウ＝2，エ＝2，オ＝4，カ＝3，キ＝2，ク＝1，ケ＝4.

極形式

複素数平面上で，0 でない複素数 $z=a+bi$ （a, b は実数）が表す点を P とする．点 P と原点 O との距離を r，実軸の正の部分を始線としたときの動径 OP が表す角を θ とすると

$$a=r\cos\theta,\quad b=r\sin\theta$$

であるから

$$z=r(\cos\theta+i\sin\theta)$$

と表される．このような表し方を複素数 z の**極形式**という．

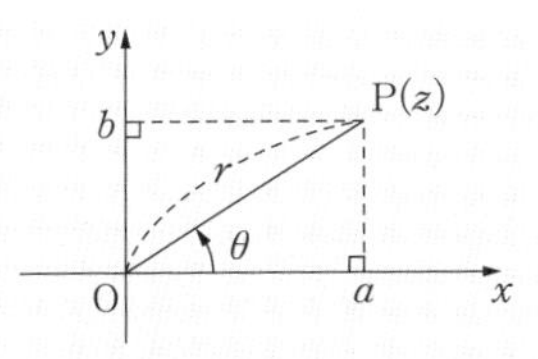

ここで，r は z の絶対値に等しい．

また，角 θ を z の**偏角**といい，$\arg z$ で表す．

すなわち

$$r=|z|,\quad \theta=\arg z$$

である．なお，z の偏角 θ は，$0\leqq\theta<2\pi$ の範囲ではただ1通りに定まる．

(1)　$|2i|=2$,

偏角は $\dfrac{1}{2}\pi$.

よって

$$2i=2\left(\cos\frac{1}{2}\pi+i\sin\frac{1}{2}\pi\right)$$

である．

$$(r,\ \theta)=\left(\boxed{2},\ \frac{\boxed{1}}{\boxed{2}}\pi\right).$$

(2)　$|-1-\sqrt{3}\,i|=\sqrt{(-1)^2+(-\sqrt{3}\,)^2}$

$=2$,

偏角は $\dfrac{4}{3}\pi$.

よって

$$-1-\sqrt{3}\,i=2\left(\cos\frac{4}{3}\pi+i\sin\frac{4}{3}\pi\right)$$

である．

$$(r,\ \theta)=\left(\boxed{2},\ \frac{\boxed{4}}{\boxed{3}}\pi\right).$$

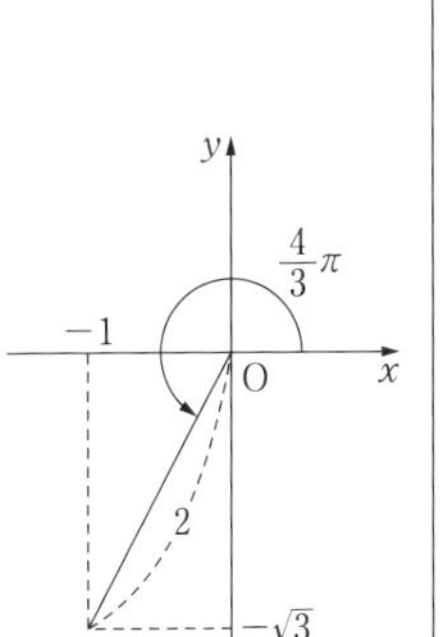

(3)　$\alpha=\dfrac{7-i}{3-4i}$ とする．

$$\alpha=\frac{(7-i)(3+4i)}{(3-4i)(3+4i)}=\frac{25+25i}{9+16}$$

$$=1+i$$

である.

$|\alpha|=\sqrt{1^2+1^2}=\sqrt{2}$,

偏角は $\frac{1}{4}\pi$.

よって

$$\alpha=\sqrt{2}\left(\cos\frac{1}{4}\pi+i\sin\frac{1}{4}\pi\right)$$

である.

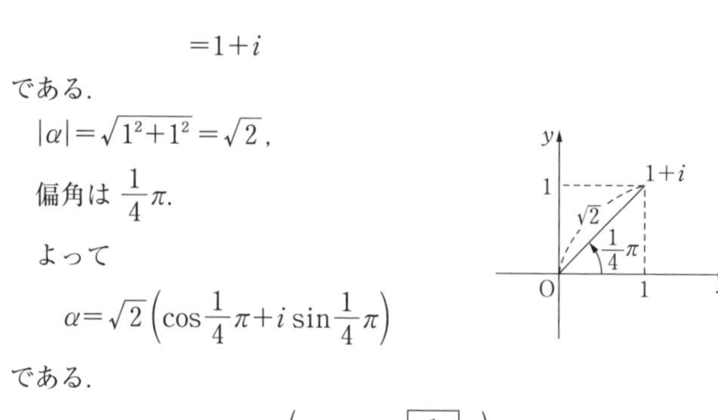

$$(r,\ \theta)=\left(\sqrt{\boxed{2}},\ \frac{\boxed{1}}{\boxed{4}}\pi\right).$$

65

ア=2, イ=−, ウ=3, エ=3, オ=1, カ=0, キ=1, クケ=−1, コ=5, サ=4, シス=−1, セ=5, ソ=4.

〔1〕 z の方程式 $z^3=-8i$ を考える.

$z=r(\cos\theta+i\sin\theta)$ $(r>0,\ 0\leqq\theta<2\pi)$ とおく.

ド・モアブルの定理

> n が整数のとき
>
> $(\cos\theta+i\sin\theta)^n=\cos n\theta+i\sin n\theta.$

$z^3=r^3(\cos 3\theta+i\sin 3\theta)$ となる.

ここで,

$$-8i=8\left(\cos\frac{3}{2}\pi+i\sin\frac{3}{2}\pi\right)$$

と表せるので,

$$r^3(\cos 3\theta+i\sin 3\theta)=8\left(\cos\frac{3}{2}\pi+i\sin\frac{3}{2}\pi\right)$$

が成り立つ. 両辺の絶対値と偏角を比較すると

$$\begin{cases} r^3=8, \\ 3\theta=\dfrac{3}{2}\pi+2\pi\times k \quad (k \text{ は整数}) \end{cases}$$

となる. $r>0$ なので $r=2$. また

$$\theta=\frac{\pi}{2}+\frac{2k}{3}\pi$$

であるから

$$z=2\left\{\cos\left(\frac{\pi}{2}+\frac{2k}{3}\pi\right)+i\sin\left(\frac{\pi}{2}+\frac{2k}{3}\pi\right)\right\}$$

と表される．ここで，$0\leqq\theta<2\pi$ を満たすのは，$k=0,\ 1,\ 2$ のとき，つまり

$$\theta=\frac{\pi}{2},\ \frac{7}{6}\pi,\ \frac{11}{6}\pi$$

のときである．これらのときの z を順に z_0，z_1，z_2 とすると

$$z_0=2\left(\cos\frac{\pi}{2}+i\sin\frac{\pi}{2}\right)=\boxed{2}\,i,$$

$$z_1=2\left(\cos\frac{7}{6}\pi+i\sin\frac{7}{6}\pi\right)=2\left(-\frac{\sqrt{3}}{2}-\frac{1}{2}i\right)$$
$$=\boxed{-}\sqrt{\boxed{3}}-i,$$

$$z_2=2\left(\cos\frac{11}{6}\pi+i\sin\frac{11}{6}\pi\right)=2\left(\frac{\sqrt{3}}{2}-\frac{1}{2}i\right)$$
$$=\sqrt{\boxed{3}}-i$$

である．

〔2〕　$\alpha=\cos\frac{2\pi}{5}+i\sin\frac{2\pi}{5}$ とする．

(1)　$\alpha^5=\left(\cos\frac{2\pi}{5}+i\sin\frac{2\pi}{5}\right)^5$

$$=\cos 2\pi+i\sin 2\pi=\boxed{1}$$

⬅ド・モアブルの定理を使った．

である．これより，$\alpha^5-1=0$ となる．ここで，α^5-1 は

$$\alpha^5-1=(\alpha-1)(\alpha^4+\alpha^3+\alpha^2+\alpha+1)$$

と変形できるので

$$(\alpha-1)(\alpha^4+\alpha^3+\alpha^2+\alpha+1)=0$$

となり，$\alpha\neq1$ なので

$$\alpha^4+\alpha^3+\alpha^2+\alpha+1=\boxed{0} \qquad \cdots(*)$$

である．

(2)　$\alpha^2\neq0$ なので，(*)の両辺を α^2 で割ると

$$\alpha^2+\alpha+1+\frac{1}{\alpha}+\frac{1}{\alpha^2}=0$$

つまり

$$\alpha^2+\frac{1}{\alpha^2}+\left(\alpha+\frac{1}{\alpha}\right)+1=0 \qquad \cdots ①$$

となる．ここで

$$\alpha^2+\frac{1}{\alpha^2}=\left(\alpha+\frac{1}{\alpha}\right)^2-2$$

なので，① より

$$\left(\alpha+\frac{1}{\alpha}\right)^2-2+\left(\alpha+\frac{1}{\alpha}\right)+1=0$$

となる．

$t=\alpha+\dfrac{1}{\alpha}$ とすると上式より

$$t^2+t-1=0$$

である．よって，t は方程式 $t^2+t=\boxed{\ 1\ }$ の解である．

(3) t は $t^2+t-1=0$ の解であるから，これを解くと

$$t=\frac{-1\pm\sqrt{5}}{2} \qquad \cdots ②$$

となる．ところで

$$\frac{1}{\alpha}=\alpha^{-1}=\left(\cos\frac{2\pi}{5}+i\sin\frac{2\pi}{5}\right)^{-1}$$

$$=\cos\left(-\frac{2\pi}{5}\right)+i\sin\left(-\frac{2\pi}{5}\right)$$

⬅ド・モアブルの定理を使った．

$$=\cos\frac{2\pi}{5}-i\sin\frac{2\pi}{5}$$

である．

すると

$$\alpha+\frac{1}{\alpha}=\left(\cos\frac{2\pi}{5}+i\sin\frac{2\pi}{5}\right)+\left(\cos\frac{2\pi}{5}-i\sin\frac{2\pi}{5}\right)$$

$$=2\cos\frac{2\pi}{5}$$

となるので，

$$\cos\frac{2\pi}{5}=\frac{1}{2}\left(\alpha+\frac{1}{\alpha}\right)=\frac{1}{2}t$$

と表せる．すると ② より

$$\cos\frac{2\pi}{5}=\frac{-1\pm\sqrt{5}}{4}$$

である．ここで $\cos\dfrac{2\pi}{5}>0$ であることに注目すると

⬅ $0<\dfrac{2\pi}{5}<\dfrac{\pi}{2}$．

$$\cos\frac{2\pi}{5}=\frac{\boxed{-1}+\sqrt{\boxed{5}}}{\boxed{4}}$$

であることがわかる．

(4)　$\alpha^2=\left(\cos\frac{2\pi}{5}+i\sin\frac{2\pi}{5}\right)^2=\cos\frac{4\pi}{5}+i\sin\frac{4\pi}{5}$,

$$\frac{1}{\alpha^2}=(\alpha^2)^{-1}=\cos\left(-\frac{4\pi}{5}\right)+i\sin\left(-\frac{4\pi}{5}\right)$$

$$=\cos\frac{4\pi}{5}-i\sin\frac{4\pi}{5}$$

⬅2倍角の公式を利用して求めることもできる．

なので

$$\alpha^2+\frac{1}{\alpha^2}=2\cos\frac{4\pi}{5}$$

である．これより

$$\cos\frac{4\pi}{5}=\frac{1}{2}\left(\alpha^2+\frac{1}{\alpha^2}\right)$$

と表せる．ここで，$\alpha^2+\frac{1}{\alpha^2}=t^2-2$ であるので，

$t^2+t-1=0$ に注目すると $t^2-2=-t-1$ となる．

すると

$$\alpha^2+\frac{1}{\alpha^2}=-t-1=-\frac{-1\pm\sqrt{5}}{2}-1$$

$$=\frac{-1\mp\sqrt{5}}{2}\quad(\text{複号同順})$$

となる．すると

$$\cos\frac{4\pi}{5}=\frac{1}{2}\times\frac{-1\mp\sqrt{5}}{2}=\frac{-1\mp\sqrt{5}}{4}.$$

ここで，$\frac{\pi}{2}<\frac{4\pi}{5}<\pi$ なので $\cos\frac{4\pi}{5}<0$ であることに注目すると

$$\cos\frac{4\pi}{5}=\frac{\boxed{-1}-\sqrt{\boxed{5}}}{\boxed{4}}$$

である．

66

ア=1，イ=1，ウ=3，エ=0，オ=1，カ=2，キ=3，ク=3，ケ=3.

〔1〕 $$z=\frac{2}{1-\sqrt{3}\,i}=\frac{2(1+\sqrt{3}\,i)}{(1-\sqrt{3}\,i)(1+\sqrt{3}\,i)}=\frac{2(1+\sqrt{3}\,i)}{1+3}$$

$$=\frac{1}{2}(1+\sqrt{3}\,i)=\cos\frac{\pi}{3}+i\sin\frac{\pi}{3}$$

と表せるので，

$$r=\boxed{1},\quad \theta=\frac{\boxed{1}}{\boxed{3}}\pi$$

である.

$$z^2+z^4+z^6=\left(\cos\frac{\pi}{3}+i\sin\frac{\pi}{3}\right)^2+\left(\cos\frac{\pi}{3}+i\sin\frac{\pi}{3}\right)^4+\left(\cos\frac{\pi}{3}+i\sin\frac{\pi}{3}\right)^6$$

$$=\left(\cos\frac{2}{3}\pi+i\sin\frac{2}{3}\pi\right)+\left(\cos\frac{4}{3}\pi+i\sin\frac{4}{3}\pi\right)+(\cos 2\pi+i\sin 2\pi)$$

⬅ド・モアブルの定理を使った.

$$=\left(-\frac{1}{2}+\frac{\sqrt{3}}{2}i\right)+\left(-\frac{1}{2}-\frac{\sqrt{3}}{2}i\right)+(1+0)$$

$$=\boxed{0}$$

である.

〔2〕 条件より

$$2\left(\cos\frac{\pi}{6}+i\sin\frac{\pi}{6}\right)z=3\sqrt{3}-5i$$

つまり

$$(\sqrt{3}+i)z=3\sqrt{3}-5i$$

を得る．これより

$$z=\frac{3\sqrt{3}-5i}{\sqrt{3}+i}=\frac{(3\sqrt{3}-5i)(\sqrt{3}-i)}{(\sqrt{3}+i)(\sqrt{3}-i)}$$

$$=\frac{9-5-8\sqrt{3}\,i}{3+1}=\boxed{1}-\boxed{2}\sqrt{\boxed{3}}\,i$$

である.

〔3〕　条件より

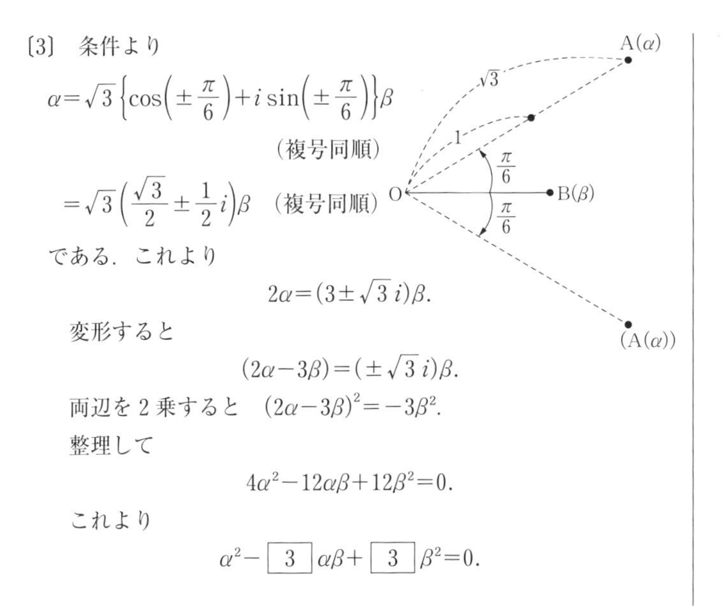

$$\alpha=\sqrt{3}\left\{\cos\left(\pm\frac{\pi}{6}\right)+i\sin\left(\pm\frac{\pi}{6}\right)\right\}\beta$$

（複号同順）

$$=\sqrt{3}\left(\frac{\sqrt{3}}{2}\pm\frac{1}{2}i\right)\beta \quad（複号同順）$$

である．これより

$$2\alpha=(3\pm\sqrt{3}\,i)\beta.$$

変形すると

$$(2\alpha-3\beta)=(\pm\sqrt{3}\,i)\beta.$$

両辺を 2 乗すると　$(2\alpha-3\beta)^2=-3\beta^2.$

整理して

$$4\alpha^2-12\alpha\beta+12\beta^2=0.$$

これより

$$\alpha^2-\boxed{3}\,\alpha\beta+\boxed{3}\,\beta^2=0.$$

67

ア=1，イ=3，ウ=1，エオ=12，カ=5，キク=12，ケ=1，コサ=27，シ=1，ス=4，セ=5，ソ=4.

条件より点 z は $|z|=1$　…(*)を満たす．

$w=z+\sqrt{2}\,(1+i)$ より

$$z=w-\sqrt{2}\,(1+i)$$

である．いま，$\alpha=\sqrt{2}\,(1+i)$ とすると上式は

$$z=w-\alpha$$

となり，(*)より

$$|w-\alpha|=1$$

となる．ここで，$\alpha=2\left(\cos\frac{\pi}{4}+i\sin\frac{\pi}{4}\right)$ と表せる．

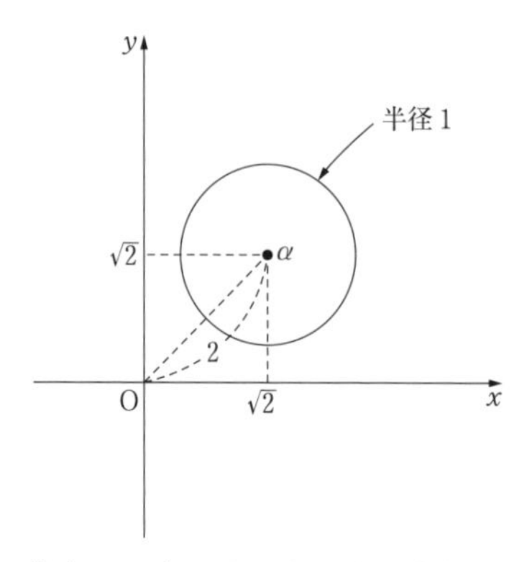

点 w 全体の集合は，点 α を中心とする半径 1 の円である．

なお，$|\alpha|=2$ である．

(1)　w の絶対値のとり得る値の範囲は

$$|\alpha|-1 \leqq |w| \leqq |\alpha|+1$$

つまり

$$\boxed{1} \leqq |w| \leqq \boxed{3} \qquad \cdots ①$$

である．

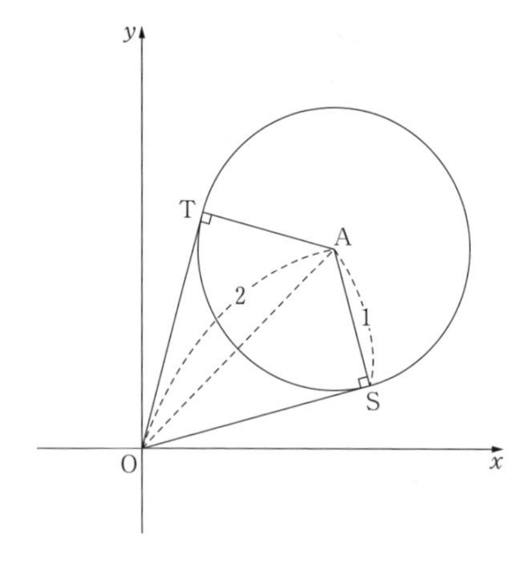

A(α) とする．

図において，AS⊥OS，AT⊥OT，OA=2，AS=AT=1 なので

$$\text{OS}=\text{OT}=\sqrt{3}$$

である．すると

$$\angle \mathrm{SOA}=\angle \mathrm{TOA}=\frac{\pi}{6}$$

である．よって，w の偏角 $\arg w$ のとり得る値の範囲は

$$\frac{\pi}{4}-\frac{\pi}{6} \leqq \arg w \leqq \frac{\pi}{4}+\frac{\pi}{6}$$

⬅ α の偏角は $\frac{\pi}{4}$.

つまり

$$\frac{\boxed{1}}{\boxed{12}}\pi \leqq \arg w \leqq \frac{\boxed{5}}{\boxed{12}}\pi \qquad \cdots ②$$

である．

(2) 絶対値について $|w^3|=|w|^3$ であることに着目する．

①より

$$1^3 \leqq |w|^3 \leqq 3^3$$

つまり，w^3 の絶対値のとり得る値の範囲は

$$\boxed{1} \leqq |w^3| \leqq \boxed{27}$$

である．

複素数の積

0でない2つの複素数 z_1，z_2 が極形式で

$$z_1=r_1(\cos\theta_1+i\sin\theta_1),\quad z_2=r_2(\cos\theta_2+i\sin\theta_2)$$

と表されているとき，

$$z_1z_2=r_1r_2\{\cos(\theta_1+\theta_2)+i\sin(\theta_1+\theta_2)\},$$

$$|z_1z_2|=|z_1||z_2|,$$

$$\arg(z_1z_2)=\arg z_1+\arg z_2.$$

また，$\arg w^3=3\arg w$ であることに着目する．

②より

$$3\times\frac{1}{12}\pi \leqq 3\arg w \leqq 3\times\frac{5}{12}\pi$$

つまり，w^3 の偏角 $\arg w^3$ のとり得る値の範囲は

$$\frac{\boxed{1}}{\boxed{4}}\pi \leqq \arg w^3 \leqq \frac{\boxed{5}}{\boxed{4}}\pi$$

である．

68

ア=4，イウ=−4，エオ=16，カ=4，キ=0，クケ=−4，コ=1，サ=2，シ=0，スセ=−1，ソ=2，タチ=−3，ツ=4，テ=0，ト=3，ナ=4.

〔1〕

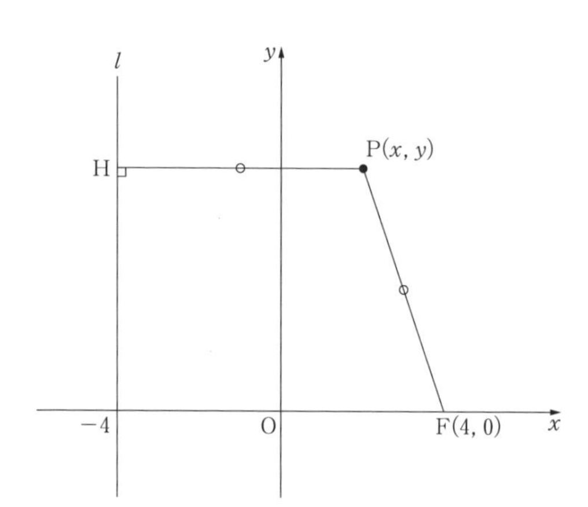

PF=PH より

$$\sqrt{\left(x-\boxed{4}\right)^2+y^2}=\left|x-\left(\boxed{-4}\right)\right|$$

が成り立つ．両辺を２乗して整理すると

$$y^2=\boxed{16}\,x$$

となる．これは放物線を表し，その焦点は $\left(\boxed{4},\ \boxed{0}\right)$ であり，準線は直線 $x=\boxed{-4}$ である．

〔2〕

放物線 $y^2=4px$

焦点は $(p,\ 0)$，準線は直線 $x=-p$.

(1) 放物線 $y^2=2x$ は，$y^2=4\times\dfrac{1}{2}x$ と変形できる．

焦点は $\left(\dfrac{\boxed{1}}{\boxed{2}},\ \boxed{0}\right)$ であり，準線は直線 $x=\dfrac{\boxed{-1}}{\boxed{2}}$ である．

(2) 放物線 $y^2=-3x$ は，$y^2=4\times\dfrac{-3}{4}x$ と変形できる．

焦点は $\left(\dfrac{\boxed{-3}}{\boxed{4}},\ \boxed{0}\right)$ であり，準線は直線 $x=\dfrac{\boxed{3}}{\boxed{4}}$ である．

69

アイ＝10，ウ＝8，エ＝3，オ＝0，カキ＝−3，ク＝0，ケ＝8，コ＝6，サ＝0，
シ＝7，ス＝0，セ＝7，ソ＝3，タ＝4，チツ＝16，テ＝9．

〔1〕

楕円

楕円 $\dfrac{x^2}{a^2}+\dfrac{y^2}{b^2}=1$ $(a>b>0)$ について
長軸の長さは $2a$，短軸の長さは $2b$．
焦点は $\mathrm{F}(\sqrt{a^2-b^2},\ 0)$，$\mathrm{F}'(-\sqrt{a^2-b^2},\ 0)$．
楕円上の点Pについて，$\mathrm{PF}+\mathrm{PF}'=2a$．

(1)　与えられた方程式は $\dfrac{x^2}{5^2}+\dfrac{y^2}{4^2}=1$ と変形できる．

長軸の長さは $2\times5=\boxed{10}$，短軸の長さは $2\times4=\boxed{8}$ であり，焦点は $\left(\boxed{3},\ \boxed{0}\right)$ と $\left(\boxed{-3},\ \boxed{0}\right)$ である．

(2)　与えられた方程式 $16x^2+9y^2=144$ を変形する．

両辺を $144=4^2\times3^2$ で割ると

$$\frac{x^2}{3^2}+\frac{y^2}{4^2}=1$$

となる．

$b>a>0$ のとき，方程式 $\dfrac{x^2}{a^2}+\dfrac{y^2}{b^2}=1$ は，y 軸上の2点 $\mathrm{F}(0,\ \sqrt{b^2-a^2})$，$\mathrm{F}'(0,\ -\sqrt{b^2-a^2})$ を焦点とする楕円を表す．

長軸の長さは $2\times4=\boxed{8}$，短軸の長さは $2\times3=\boxed{6}$ であり，焦点は $\left(\boxed{0},\ \sqrt{\boxed{7}}\right)$ と $\left(\boxed{0},\ -\sqrt{\boxed{7}}\right)$ である．

〔2〕　条件より

$$\begin{cases} x=s, \\ y=\dfrac{\boxed{3}}{\boxed{4}}t \end{cases}$$

となるので

$$\begin{cases} s=x, \\ t=\dfrac{4}{3}y \end{cases} \qquad \cdots (*)$$

である.

点 Q$(s,\ t)$ は円 C 上にあるので, s, t は

$$s^2+t^2=16$$

を満たす. $(*)$を代入すると

$$x^2+\left(\frac{4}{3}y\right)^2=16.$$

両辺を 4^2 で割ると

$$\frac{x^2}{4^2}+\frac{y^2}{3^2}=1 \quad \text{つまり} \quad \frac{x^2}{\boxed{16}}+\frac{y^2}{\boxed{9}}=1$$

となる. これは楕円である.

70

アイ=13, ウ=0, エオ=13, カ=0, キ=2, ク=3, ケコ=−2, サ=3, シ=6, ス=9, セソ=40.

〔1〕

双曲線

双曲線 $\dfrac{x^2}{a^2}-\dfrac{y^2}{b^2}=1$ $(a>0,\ b>0)$ について

焦点 $\mathrm{F}(\sqrt{a^2+b^2},\ 0)$, $\mathrm{F}'(-\sqrt{a^2+b^2},\ 0)$.

双曲線上の点 P について $|\mathrm{PF}-\mathrm{PF}'|=2a$.

漸近線 $\dfrac{x}{a}-\dfrac{y}{b}=0$, $\dfrac{x}{a}+\dfrac{y}{b}=0$.

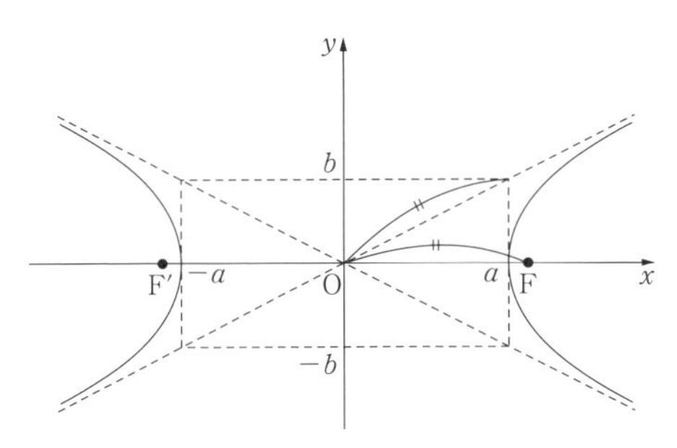

C の方程式は $\dfrac{x^2}{3^2}-\dfrac{y^2}{2^2}=1$ と変形できる.

焦点は $\mathrm{F}\left(\sqrt{\boxed{13}},\ \boxed{0}\right)$, $\mathrm{F}'\left(-\sqrt{\boxed{13}},\ \boxed{0}\right)$ であり，漸近線は直線 $y=\dfrac{\boxed{2}}{\boxed{3}}x$ と $y=\dfrac{\boxed{-2}}{\boxed{3}}x$ である.

C 上に点 $\mathrm{A}(3\sqrt{2},\ 2)$ をとると

$$\mathrm{AF}'-\mathrm{AF}=2\times3=\boxed{6}$$

である.

〔参考〕　$\mathrm{AF}'-\mathrm{AF}$ の値は次のように計算により求めることもできる.

$$\begin{aligned}(\mathrm{AF}')^2&=(3\sqrt{2}+\sqrt{13})^2+(2-0)^2\\&=18+6\sqrt{26}+13+4=35+2\sqrt{9\times26}\\&=(\sqrt{26}+\sqrt{9})^2,\\(\mathrm{AF})^2&=(3\sqrt{2}-\sqrt{13})^2+(2-0)^2\\&=35-2\sqrt{9\times26}\\&=(\sqrt{26}-\sqrt{9})^2\end{aligned}$$

となるので

$$\begin{aligned}\mathrm{AF}'-\mathrm{AF}&=|\sqrt{26}+\sqrt{9}|-|\sqrt{26}-\sqrt{9}|\\&=2\sqrt{9}\\&=6.\end{aligned}$$

（参考終り）

〔2〕　条件より，2つの焦点が原点に関して対称で x 軸上にあるので，求める方程式は

$$\frac{x^2}{a^2}-\frac{y^2}{b^2}=1\quad(a>0,\ b>0)$$

とおくことができる.

まず，焦点が (7, 0) と (−7, 0) なので

$$\sqrt{a^2+b^2}=7 \quad \cdots ①$$

である．

また，焦点からの距離の差が 6 であることから

$$2a=6 \quad \cdots ②$$

である．

①，② より　$a^2=9$，$b^2=40$.

よって，求める双曲線の方程式は

$$\frac{x^2}{\boxed{9}}-\frac{y^2}{\boxed{40}}=1$$

である．